超限高层建筑工程结构设计指南

吕西林　蒋欢军　主编

Guidelines for structural design of code-exceeding tall buildings

·上海·

图书在版编目（CIP）数据

超限高层建筑工程结构设计指南 / 吕西林，蒋欢军主编. -- 上海：同济大学出版社，2024.1
ISBN 978-7-5765-0683-9

Ⅰ. ①超… Ⅱ. ①吕… ②蒋… Ⅲ. ①超高层建筑－结构设计－指南 Ⅳ. ①TU973-62

中国国家版本馆 CIP 数据核字（2023）第 253679 号

超限高层建筑工程结构设计指南

吕西林　蒋欢军　主编

责任编辑 宋　立　**责任校对** 徐逢乔　**封面设计** 陈益平

出版发行　同济大学出版社　　www.tongjipress.com.cn
（地址：上海市四平路 1239 号　邮编：200092　电话：021-65985622）
经　　销　全国各地新华书店、建筑书店、网络书店
印　　刷　启东市人民印刷有限公司
开　　本　850mm × 1168mm　1/32
印　　张　5
字　　数　127 000
版　　次　2024 年 1 月第 1 版
印　　次　2024 年 1 月第 1 次印刷
书　　号　ISBN 978-7-5765-0683-9
定　　价　48.00 元

前 言

根据沪建管〔2014〕966号文下达的2015年上海市工程建设规范编制计划，同济大学等单位组成了编制组，参照国家和上海市有关标准及住房和城乡建设部颁布的《超限高层建筑工程抗震设防专项审查技术要点》（建质〔2015〕67号）、《上海市超限高层建筑抗震设防管理实施细则》（沪建管〔2014〕954号）和《超限高层建筑工程抗震设计指南（第2版）》，结合上海市多年的超限高层建筑工程实践及抗震设防专项审查工作经验，编写本书。2018年11月形成了征求意见稿，在广泛征求本市相关单位和专家意见后，对征求意见稿进行修改，形成了征求意见汇总稿。2019年1月10日召开了预审会，根据评审意见对征求意见汇总稿进行进一步完善，形成了送审稿。2019年3月25日召开技术审查会，通过了本书的审查。根据审查会意见，编制组对送审稿进行进一步的修改和完善，形成了本书正式稿。

2005年1月，《超限高层建筑工程抗震设计指南》（同济大学出版社出版）第1版由当时的上海市建设和管理委员会以沪建建〔2005〕38号文批准发布。2009年9月，《超限高层建筑工程抗震设计指南》第2版由当时的上海市城乡建设和交通委员会以沪建交〔2009〕1243号文批准发布。《超限高层建筑工程抗震设计指南》的实施为提高上海市的超限高层建筑工程抗震设计质量，加快抗震专项审查的进度，促进审查工作的规范化和科学化，发挥了重要作用，同时也为全国相关省市的超限高层建筑工程的抗震设防审查提供了重要的参考。

《超限高层建筑工程抗震设计指南》（第2版）实施十多年来，上海的超限高层建筑工程有了进一步的发展，积累了丰富的工程实践经验，国家和上海市有关部门也对超限高层建筑工程的审查提出了新的要求。本书是在对超限高层建筑工程近些年的新发展、积累的新经验和新成果的科学总结与提炼基础上编制完成的，力争做到技术先进、经济合理、便于实践，并与其他标准相协调，指南内容结合上海的实际情况，体现上海特色。

本书共有10章、3个附录，是帮助设计人员正确理解有关抗震设计标准、全面掌握超限高层建筑工程抗震设防审查要求、进一步提高超限高层建筑工程设计质量的指导性技术资料。因此，为便于理解，本书在文字表述方面既使用了规范（标准）的常用语言，也使用了类似“条文说明”的表述方法。

主 编 单 位：同济大学
上海建瓴工程咨询有限公司
上海市建设工程设计文件审查管理事务中心

参 编 单 位：华东建筑设计研究院有限公司
上海建筑设计研究院有限公司
同济大学建筑设计研究院（集团）有限公司
中船第九设计研究院工程有限公司
上海市建筑科学研究院（集团）有限公司
上海长福工程结构设计事务所

主要起草人：吕西林　蒋欢军（以下按姓氏笔画排列）
丁洁民　卢文胜　朱春明　全　涌　扶长生
李亚明　张红缨　周建龙　钱　江　钱建固
翁大根　曹　莹　鲍晓平　瞿　革

主要审查人：江欢成　汪大绥（以下按姓氏笔画排列）
朱杰江　张　晖　陈企奋　梁淑萍　巢　斯

目　录

前　言
1　总　则 ………………………………………………………… 1
2　术语和符号 …………………………………………………… 3
2.1　术语 ………………………………………………………… 3
2.2　主要符号 …………………………………………………… 4
3　超限高层建筑工程的认定 …………………………………… 6
3.1　房屋高度超限的认定和控制 ……………………………… 6
3.2　房屋规则性超限的认定和控制 …………………………… 9
3.3　其他类型超限高层建筑工程 ……………………………… 17
4　结构抗震概念设计及基本要求 ……………………………… 18
4.1　抗震概念设计 ……………………………………………… 18
4.2　结构体系的基本要求 ……………………………………… 21
5　基于性能的抗震设计基本要求 ……………………………… 26
5.1　地震动水准和地震动参数 ………………………………… 26
5.2　抗震性能水准和抗震性能目标 …………………………… 28
5.3　设计方法 …………………………………………………… 30
6　结构计算分析的基本要求 …………………………………… 36
6.1　一般要求 …………………………………………………… 36
6.2　高度超限工程的要求 ……………………………………… 40
6.3　平面规则性超限时的要求 ………………………………… 41
6.4　立面规则性超限时的要求 ………………………………… 42
6.5　屋盖超限工程的要求 ……………………………………… 45
7　结构抗震加强措施 …………………………………………… 47
7.1　一般要求 …………………………………………………… 47

7.2 高度超限结构的抗震加强措施 …… 48
7.3 平面不规则结构的抗震加强措施 …… 49
7.4 竖向不规则结构的抗震加强措施 …… 50
7.5 屋盖超限结构的抗震加强措施 …… 56
8 结构隔震和消能减震设计 …… 58
8.1 一般要求 …… 58
8.2 结构隔震设计 …… 59
8.3 结构消能减震设计 …… 60
9 地基基础的设计要求 …… 62
9.1 高度超限时的要求 …… 62
9.2 规则性超限时的要求 …… 62
9.3 有液化土层和软弱土层时的抗震措施 …… 63
9.4 桩－土－结构相互作用计算分析 …… 64
10 结构试验的基本要求 …… 65
10.1 一般规定 …… 65
10.2 结构抗震试验 …… 65
10.3 结构抗风试验 …… 66
附录A 钢筋混凝土典型构件的荷载－位移恢复力模型 …… 68
附录B 超限高层建筑抗震设计可行性论证报告主要内容 …… 76
附录C 超限高层建筑抗震设计可行性论证报告实例 …… 80
C.1 上海天文馆 …… 80
C.2 上海黄浦区小东门街道616、735街坊地块项目 LJG地块T1塔楼 …… 102
C.3 上海博物馆东馆 …… 132
本指南用词说明 …… 148
引用标准名录 …… 149

1 总 则

1.0.1 为践行创新驱动、可持续发展的理念，做好超限高层建筑工程抗震设防专项审查工作，确保超限高层建筑工程的结构设计质量和抗震安全，根据《超限高层建筑工程抗震设防管理规定》（建设部令第111号）的要求，在充分理解国家有关设计标准精神和总结上海市工程实践经验的基础上，制定《超限高层建筑工程结构设计指南》（以下简称《指南》），供设计和审图人员使用。

1.0.2 本《指南》所指超限高层建筑工程，是指超出国家和上海市现行规范、规程所规定的适用高度和适用结构类型的高层建筑工程，结构特别不规则的高层建筑工程，以及有关的规范、规程、政府管理机构文件中规定应当进行抗震专项审查的高层建筑工程。

1.0.3 本《指南》是对现行国家标准《建筑工程抗震设防分类标准》（GB 50223）和《建筑抗震设计规范》（GB 50011），现行行业标准《高层建筑混凝土结构技术规程》（JGJ 3）和《高层民用建筑钢结构技术规程》（JGJ 99）以及现行上海市工程建设规范《建筑抗震设计标准》（DG/TJ 08—9）和《高层建筑钢结构设计规程》（DG/TJ 08—32）的补充。遵循本《指南》进行结构设计的超限高层建筑工程，还应符合国家和上海市现行的有关强制性标准的规定。

1.0.4 本《指南》倡导建筑形体多样化与结构受力合理性统一的原则，使建筑物既满足建筑功能和形体美观的要求，又保证地震下的结构安全。本《指南》也倡导结构的概念设计与计算分析并重的原则，设计者应通过成熟的工程经验、全面的结构概念设计、精细的结构分析、有针对性的构造措施或必要的结构试验验证，来满足超限高层建筑工程结构设计时的特殊要求。

1.0.5 当在现有的技术和经济条件下，结构安全与建筑美观之间出现矛盾时，应以结构安全为重。影响结构安全的建筑方案，包括局部方案，均应服从结构安全的需要。

1.0.6 对于主体结构总高度超过 300 m 的超限高层建筑，应从严把握抗震设防的各项技术性指标。

1.0.7 对高度超限或规则性超限的超限高层建筑，不应同时具有转换层、加强层、错层、连体和多塔五种类型中的四种及以上的复杂类型。

1.0.8 对于特殊体型（含屋盖）或风洞试验结果与荷载规范规定相差较大的风荷载取值，以及特殊超限高层建筑工程（规模大、高宽比大等）的隔震、减震设计，宜由相关专业的专家在方案设计阶段或抗震设防专项审查前进行专门论证。

1.0.9 对于装配整体式混凝土结构，房屋高度不应超过上海市现行标准中规定的适用高度，规则性超限时应降低房屋高度。

1.0.10 对于超限高层建筑工程的抗震设计，宜采用基于性能的抗震设计方法。

2 术语和符号

2.1 术 语

2.1.1 高层建筑 tall buildings

10 层及 10 层以上或房屋高度大于 28 m 的住宅建筑和房屋高度大于 24 m 的其他民用建筑。

2.1.2 房屋高度 building height

自室外地面至房屋主要屋面板板顶的高度,不包括局部突出屋面部分如电梯机房、水箱、构架等。

条文说明:对于坡度大于 45° 的坡屋面房屋,房屋高度宜算至坡屋面 1/2 高度处。当突出屋面的塔楼结构面积不小于屋顶层结构面积的 35% 时,塔楼结构的高度宜计入房屋高度。

2.1.3 高宽比 ratio of height to width of building plan(aspect ratio of buildings)

房屋高度与建筑平面宽度之比。

条文说明:当建筑平面为非矩形时,平面宽度可取为结构平面(不计外挑部分)最小回转半径的 3.5 倍。

2.1.4 抗震设防标准 seismic protection criterion

衡量单体工程抗震设防要求的尺度,由抗震设防烈度或设计地震动参数和建筑抗震设防类别确定。

2.1.5 建筑抗震概念设计 seismic concept design of buildings

根据地震灾害和工程经验等形成的基本设计原则和设计思想,进行建筑和结构总体布置并确定细部构造的过程。

2.1.6 抗震构造措施 details of seismic design

根据抗震概念设计原则,一般不需计算而对结构和非结构各部分必须采取的各种细部要求。

2.1.7 抗震措施 seismic design measures

除地震作用计算和抗力计算以外的抗震设计内容,包括抗震构造措施。

2.1.8 抗震性能水准 seismic performance levels

建筑物在震后的损坏状况及可继续使用功能的受影响程度。

2.1.9 抗震性能目标 seismic performance objectives

针对各级地震动水准期望建筑物达到的抗震性能水准。

2.1.10 基于性能的抗震设计 performance-based seismic design

综合考虑建筑的抗震设防类别、设防烈度、场地条件、房屋高度、规则性、建造费用和震后损失等因素后,选择合理的抗震性能目标,以建筑的抗震性能分析为基础进行设计,使设计的建筑在未来遭受可能的地震时具有预期的抗震性能。

2.2 主要符号

C30——立方体强度标准值为 30 N/mm^2 的混凝土强度等级;

f_{ck}、f_{tk}——分别为混凝土抗压强度标准值和抗拉强度标准值;

R、R_k——分别为结构构件承载力设计值和标准值;

S_{GE}、S_{EK}——分别为重力荷载代表值的效应和多遇地震作用标准值的效应;

S_{Ehk}、S_{Evk}——分别为多遇水平地震作用和竖向地震作用标准值的效应;

S_{wk}——风荷载标准值的效应;

V_{GE}、V_{Ek}——在结构构件中分别由重力荷载代表值和多遇地震作用标准值产生的剪力;

K_i——第 i 楼层的等效剪切刚度;

b——建筑平面局部凸出宽度;

b_c——建筑平面局部凹口累计深度或楼板开洞宽度;

B——建筑平面的典型宽度;

B_{max}——建筑平面最大宽度;

H——房屋高度；

l——建筑平面局部凸出长度；

l_c——建筑平面局部凹口长度或楼板开洞长度；

L——建筑平面长度；

S_1、S_2——建筑平面中开洞两侧的楼板有效宽度；

γ_{RE}——承载力抗震调整系数；

γ_G——重力荷载分项系数。

3 超限高层建筑工程的认定

3.1 房屋高度超限的认定和控制

3.1.1 房屋高度超过表 3.1.1 规定高度的高层建筑工程，属本《指南》高度超限的高层建筑工程。

表 3.1.1 结构体系的最大适用高度（单位：m）

<table>
<tr><th colspan="2" rowspan="2">结构体系</th><th colspan="2">抗震设防烈度</th></tr>
<tr><th>7 度（0.10g）</th><th>8 度（0.20g）</th></tr>
<tr><td rowspan="10">混凝土结构</td><td>框架</td><td>50</td><td>40</td></tr>
<tr><td>全部落地剪力墙</td><td>120</td><td>100</td></tr>
<tr><td>部分框支剪力墙</td><td>100</td><td>80</td></tr>
<tr><td>较多短肢剪力墙</td><td>100</td><td>80</td></tr>
<tr><td>错层的剪力墙</td><td>80</td><td>60</td></tr>
<tr><td>筒中筒</td><td>150</td><td>120</td></tr>
<tr><td>框架 - 剪力墙</td><td>120</td><td>100</td></tr>
<tr><td>错层的框架 - 剪力墙</td><td>80</td><td>60</td></tr>
<tr><td>框架 - 核心筒</td><td>130</td><td>100</td></tr>
<tr><td>板 - 柱 - 剪力墙</td><td>70</td><td>55</td></tr>
<tr><td rowspan="6">混合结构</td><td>钢组合框架（组合柱 + 钢梁）</td><td>60</td><td>50</td></tr>
<tr><td>钢组合框架（组合柱 + 钢梁）- 钢筋混凝土剪力墙</td><td>130</td><td>110</td></tr>
<tr><td>钢框架 - 钢筋混凝土筒体</td><td>160</td><td>120</td></tr>
<tr><td>型钢（钢管）混凝土框架 - 钢筋混凝土筒体</td><td>190</td><td>150</td></tr>
<tr><td>钢外筒 - 钢筋混凝土核心筒</td><td>210</td><td>160</td></tr>
<tr><td>型钢（钢管）混凝土外筒 - 钢筋混凝土核心筒</td><td>230</td><td>170</td></tr>
</table>

续表 3.1.1

结构体系		抗震设防烈度	
		7 度（0.10g）	8 度（0.20g）
钢结构	框架	110	90
	框架 – 中心支撑	220	180
	框架 – 偏心支撑（屈曲约束支撑、延性墙板）	240	200
	各类筒体和巨型结构	300	260

注：1. 对于甲类建筑，宜按本地区的抗震设防烈度提高 1 度后采用本表；对于乙类和丙类建筑，宜按本地区抗震设防烈度采用本表。

2. 表中框架不含异形柱框架。

3. 部分框支剪力墙结构指结构嵌固端以上有部分框支剪力墙的剪力墙结构。当有框支剪力墙位于嵌固端以下部位时，宜采取稍低于典型框支剪力墙结构相关要求的抗震措施。

4. 平面和竖向均不规则（部分框支剪力墙结构指框支层以上的楼层不规则）的，其最大适用高度应比表内数值降低至少 10%。

5. 具有较多短肢剪力墙的剪力墙结构是指：在规定的水平地震作用下，短肢剪力墙承担的底部倾覆力矩不小于结构底部总地震倾覆力矩的 30% 的剪力墙结构。在采用该比例进行判别时，应在建筑物的两个主轴方向分别进行计算，并取较大比例作为控制条件。对于采用具有较多短肢剪力墙的剪力墙结构，在规定的水平地震作用下，短肢剪力墙承担的底部倾覆力矩不宜大于结构底部总地震倾覆力矩的 50%。

6. 错层的楼层数量不超过总楼层数量的 10% 且不超过 3 层时，结构体系的最大适用高度可按非错层结构取值。

7. 当仅有少量墙体采用框支时，即当不落地墙体的截面面积不超过该层剪力墙总截面面积的 10% 时，结构体系的最大适用高度可按全部落地剪力墙结构取值。

8. 根据上海市的工程经验，在板 – 柱 – 剪力墙结构中，当楼板的厚度不小于相应跨度的 1/18 时（不适用于现浇空心楼板），可以按框架 – 剪力墙结构控制建筑物的高度取值，但在结构设计时仍应在框架受力方向设置暗梁。应该指出，采用较厚楼板的无梁楼板体系虽可以满足内部美观或一些特殊建筑功能的要求，但会明显增加结构的混凝土用量和建筑物自重，设计人员应适当考虑。

3.1.2 钢筋混凝土框架结构房屋的高度不宜超过表3.1.1的最大适用高度，超过时可改用框架－剪力墙结构、带支撑的框架结构（含阻尼支撑）等结构。

3.1.3 较多短肢剪力墙结构房屋的高度不宜超过表3.1.1的最大适用高度，超过时可改用框架－剪力墙结构、剪力墙结构等结构。

3.1.4 钢筋混凝土框架－核心筒结构房屋的高度不宜超过现行行业标准《高层建筑混凝土结构技术规程》（JGJ 3）中B级高度建筑的最大适用高度，超过时可改用筒中筒结构、巨型结构、钢－混凝土混合结构等结构。

3.1.5 装配整体式混凝土结构房屋的高度不应超过表3.1.5的最大适用高度，超过时应改用其他结构体系。

表3.1.5 装配整体式混凝土结构房屋的最大适用高度（单位：m）

结构体系	抗震设防烈度	
	7度（0.10 g）	8度（0.20 g）
装配整体式框架结构	50	40
装配整体式框架－现浇剪力墙结构	120	100
装配整体式框架－现浇核心筒结构	130	100
装配整体式剪力墙结构	100	80
装配整体式部分框支剪力墙结构	80	70

注：1. 结构中楼盖采用叠合梁板、竖向抗侧力构件全部现浇时，其最大适用高度可按表3.1.1采用。

2. 对于装配整体式剪力墙结构和装配整体式部分框支剪力墙结构，在多遇地震作用下，当预制剪力墙构件底部承担的总剪力大于该层总剪力的50％时，其最大适用高度应比表内数值降低10％。

3. 对于规则性超限的结构，其最大适用高度应比表内数值降低20％。

4. 对于同时存在第2款和第3款情况的结构，其最大适用高度应比表内数值降低30％。

3.2 房屋规则性超限的认定和控制

3.2.1 因建筑的形体或结构布置的不合理而具有较明显的抗震薄弱部位、地震时可能引起较严重破坏的高层建筑为规则性超限的高层建筑。符合下列情况之一的高层建筑工程属于本《指南》规则性超限的高层建筑工程：

1. 具有表 3.2.1–1 中三项及三项以上一般不规则情况。

2. 具有表 3.2.1–2 中两项及两项以上较高程度不规则情况。

3. 同时具有表 3.2.1–2 中一项较高程度不规则和表 3.2.1–1 中一项及一项以上一般不规则情况。

4. 具有表 3.2.1–3 中一项及一项以上特别不规则情况。

表 3.2.1–1 一般不规则的简要含义

序号	不规则类型	简要含义	备注
1a	扭转不规则	在考虑偶然偏心影响的地震作用下，楼层的最大弹性水平位移（或层间位移）大于该楼层两端弹性水平位移（或层间位移）平均值的 1.2 倍	参见现行国家标准和现行行业标准的相关条文，如：GB 50011 第 3.4.3 条、JGJ 3 第 3.4.5 条、DG/TJ 08—9 第 3.4.3 条
1b	偏心布置	偏心率大于 0.15 或相邻层质心位置相差大于相应边长 15%	参见现行行业标准的相关条文，如：JGJ 99 第 3.2.2 条
2a	平面凹凸不规则	平面凹进的深度大于相应投影方向总尺寸的 30%；或凸出的长度大于相应投影方向总尺寸的 30%，且凸出的宽度小于凸出长度的 50%（图 3.2.1–1）	参见现行国家标准和现行行业标准的相关条文，如：GB 50011 第 3.4.3 条、JGJ 3 第 3.4.3 条、DG/TJ 08—9 第 3.4.3 条
2b	角部重叠或细腰形	角部重叠面积小于较小一侧面积的 40%，或中部两侧收进超过平面宽度的 40% 的细腰形平面（图 3.2.1–2、图 3.2.1–3）	参见现行行业标准的相关条文，如：JGJ 3 第 3.4.3 条

续表 3.2.1-1

序号	不规则类型	简要含义	备注
3	楼板局部不连续	有效楼板宽度小于该层楼板典型宽度的50%(图3.2.1-4),或开洞面积大于该层楼面面积的30%(高差大于楼面梁截面高度或大于0.6 m的降板按开洞对待)	参见现行国家标准和现行行业标准的相关条文,如:GB 50011第3.4.3条、JGJ 3第3.4.6条、DG/TJ 08—9第3.4.3条
4a	侧向刚度突变	楼层侧向刚度小于相邻上层的70%,或小于其上相邻三个楼层侧向刚度平均值的80%;或楼层侧向刚度小于相邻下层的50%(加强层相邻上层和屋顶层除外)	参见现行国家标准、现行行业标准的相关条文,如:GB 50011第3.4.3条、JGJ 3第3.5.2条、DG/TJ 08—9第3.4.3条
4b	尺寸突变	(除顶层或出屋面小建筑或收进起始部位的高度不超过房屋高度的20%外)局部收进后的水平向尺寸小于相邻下一层的75%,或上部楼层整体外挑水平尺寸大于下部楼层水平尺寸的10%,或上部楼层整体外挑尺寸大于4 m	参见现行行业标准的相关条文,如:JGJ 3第3.5.5条、DG/TJ 08—9第3.4.3条
5	竖向抗侧力构件不连续	竖向抗侧力构件(墙、柱、支撑)上下不连续贯通	参见现行国家标准、现行行业标准的相关条文,如:GB 50011第3.4.3条、JGJ 3第3.5.4条、DG/TJ 08—9第3.4.3条
6	楼层承载力突变	抗侧力结构的层间受剪承载力小于相邻上一层的80%	参见现行国家标准、现行行业标准的相关条文,如:GB 50011第3.4.3条、JGJ 3第3.5.3条、DG/TJ 08—9第3.4.3条

续表 3.2.1-1

序号	不规则类型	简要含义	备注
7	复杂结构	错层结构，或带加强层的结构，或大底盘多塔结构，或连体结构	已计入第 3 ~ 6 项者，不重复计算不规则项
8	局部不规则	局部的穿层柱、斜柱、夹层	已计入第 3 项者，不重复计算不规则项

注：1. 序号数字相同的 a、b 项，不重复计算不规则项数。应避免软弱层和薄弱层出现在同一楼层。

2. 第 1a 项：(1) 计算扭转位移比时应采用刚性楼板模型；对于平面弱连接结构，不能保证整层楼板为刚性楼板时，宜采用分块刚性楼板模型计算扭转位移比。含穿层柱、空梁（未设置楼面梁）的楼层，穿层柱的节点位移不应计入本层位移比；悬挑构件节点的位移不应计入本层位移比。(2) 对于带有较大裙房的高层建筑（裙房与主楼结构相连），当裙房高度不大于建筑总高度的 20%、小震时裙房楼层的最大层间位移角不大于层间位移角限值的 40% 时（对于层间位移角限值为 1/2000 或 1/2500 的嵌固端上一层，最大层间位移角不大于小震层间位移角限值的 60% 时），判别扭转不规则的位移比限值可以放松到 1.3。(3) 当不超过总层数的 20% 的楼层的扭转位移比略大于 1.2 时（不超过 1.3），可不计为扭转不规则。

3. 第 1b 项：偏心率按现行行业标准《高层民用建筑钢结构技术规程》JGJ 99 附录 A 计算。

4. 第 2a 项：(1) 对于平面外凸部分，判断是否不规则，本《指南》采用上海市工程建设规范《建筑抗震设计标准》(DG/TJ 08—9) 提出的双控指标，即同时用外凸长度和外凸部分宽度两个条件来控制，当两个条件同时满足时才属于凸角不规则，与国家标准有所区别。(2) 不规则平面凹口的深度宜从抗侧力构件截面外边线算起（相应投影方向总尺寸计算时采用相同方法）；对于有连续内凹的情况，则应累计计算凹口深度。(3) 对于平面凹凸不规则的判定，应为结构整体体形的凹凸；个别楼层的平面凹凸，可不判定为平面凹凸不规则。

5. 第 3 项：在进行楼板局部不连续判断时，有效楼板宽度和典型楼板宽度宜沿平行于结构受力的两个水平主轴方向按最不利情况确定；四周有剪力墙围合的楼板开洞（如楼、电梯井）可不计入。

6. 第 4a 项：对于框架结构以及底层框架部分承受的地震倾覆力矩大于结构总地震倾覆力矩的 80% 的框架 - 剪力墙结构，可采用等效剪切刚度计算；对于带有支撑的结构，可采用剪弯刚度计算；对于其他类型的结构，可采用剪弯刚度或等效剪切刚度计算。

7. 第 4b 项：在计算结构竖向收进尺寸时，应从竖向构件（包括斜柱）截面外边线算起；在计算上部楼层外挑尺寸时，一般可从竖向构件（包括斜柱）截面外边线算起；当结构上部楼层收进或外挑部分的尺寸宽度不超过相应楼面宽度投影方向总尺寸的 10% 时，可不计为本项不规则。

8. 第 5 项：当某楼层上下不连续贯通的竖向抗侧力构件承担的剪力不超过该层总剪力的 10% 时，可不计为本项不规则；嵌固端及其以下的转换构件，不宜计为竖向抗侧力构件不连续的不规则。

9. 第 6 项：在计算层间受剪承载力时，应采用实际的截面尺寸和材料强度标准值，在两个主轴方向上分别计算；对于具有斜撑的楼层，应在正负方向上分别计算，不应将不同倾斜方向斜撑的承载力绝对值相加计为承载力。

10. 第 7 项：（1）出现带加强层的结构、大底盘多塔结构、连体结构、错层结构中任一种类别的复杂结构时，单独计为一项不规则。（2）错层的高度不超过梁的截面高度且不大于 0.6 m 或错层的楼面面积不大于该层总楼面面积的 10% 时，可不计为错层引起的不规则。（3）因第 7 项不规则造成第 3—6 项中的某项不规则时，不重复计不规则项。

11. 第 8 项：（1）可视其位置、数量等对整个结构影响的大小判断是否计为不规则的一项。（2）出现局部的穿层柱、斜柱、夹层超过一种类别时，仍只按一项不规则计入。（3）对于穿层柱、斜柱，若其数量不超过该层柱总数的 10%，且不超过 3 个时，可以不计入。（4）对于夹层，若其面积不超过该层抗侧力构件截面外边线包络面积的 30% 时，可以不计入；但在对夹层相关构件进行内力分析时，应考虑夹层的影响，并采取合理的抗震措施。（5）对于斜柱，若其未对结构的受力造成不利影响，可不计为斜柱引起的不规则。

表 3.2.1-2　较高程度不规则的简要含义

序号	不规则类型	简要含义	备注
1	扭转偏大	裙房以上的较多楼层（超过总楼层数的 20%）考虑偶然偏心的扭转位移比大于 1.4	与表 3.2.1-1 第 1 项不重复计算
2a	平面凹凸尺寸偏大	平面凹进的深度大于相应投影方向总尺寸的 50%；或凸出的长度大于相应投影方向总尺寸的 50%，且凸出的宽度小于凸出长度的 50%	与表 3.2.1-1 第 2a 项不重复计算

续表 3.2.1-2

序号	不规则类型	简要含义	备注
2b	角部重叠面积偏小或细腰收进偏大	角部重叠面积小于较小一侧面积的 25%，或中部两侧收进超过平面宽度的 70% 的细腰形平面	与表 3.2.1-1 第 2b 项不重复计算
3	楼板不连续区域偏大	连续三层以上（含三层）楼板有效楼板宽度小于该层楼板典型宽度的 40%，或连续三层以上（含三层）楼板的开洞面积大于该层楼面面积的 50% 或大于 40% 且洞口周边至少有一侧的楼板净宽小于 2m	与表 3.2.1-1 第 3 项不重复计算
4	侧向刚度突变偏大	楼层侧向刚度小于相邻上层的 50%，或小于其上相邻三个楼层侧向刚度平均值的 60%	与表 3.2.1-1 第 4a 项不重复计算
5	塔楼偏置偏大	塔楼与大底盘（底盘高度超过塔楼高度的 20%）的质心偏心距大于大底盘相邻楼层相应投影方向尺寸的 20%	与表 3.2.1-1 第 4b 项不重复计算
6	抗扭刚度偏弱	超 B 级高度的结构、超 A 级高度的混合结构、尺寸突变结构、复杂结构，扭转周期比大于 0.85；其他结构，扭转周期比大于 0.9	参见现行行业标准 JGJ 3 第 3.4.5 条，尺寸突变结构、复杂结构的定义分别参见表 3.2.1-1 第 4b 项、第 7 项

注：1. 对于高宽比小于 1、小震时的最大层间位移角不大于层间位移角限值的 40% 且无表 3.2.1-1 中的扭转不规则的结构，或者具有外挑质量的结构，或者强连接的连体结构等，扭转振型有可能为第一振型，即使扭转周期比大于 0.9，也可不计抗扭刚度偏弱的不规则。

2. 多塔时，偏心距根据多塔的综合质心计算。

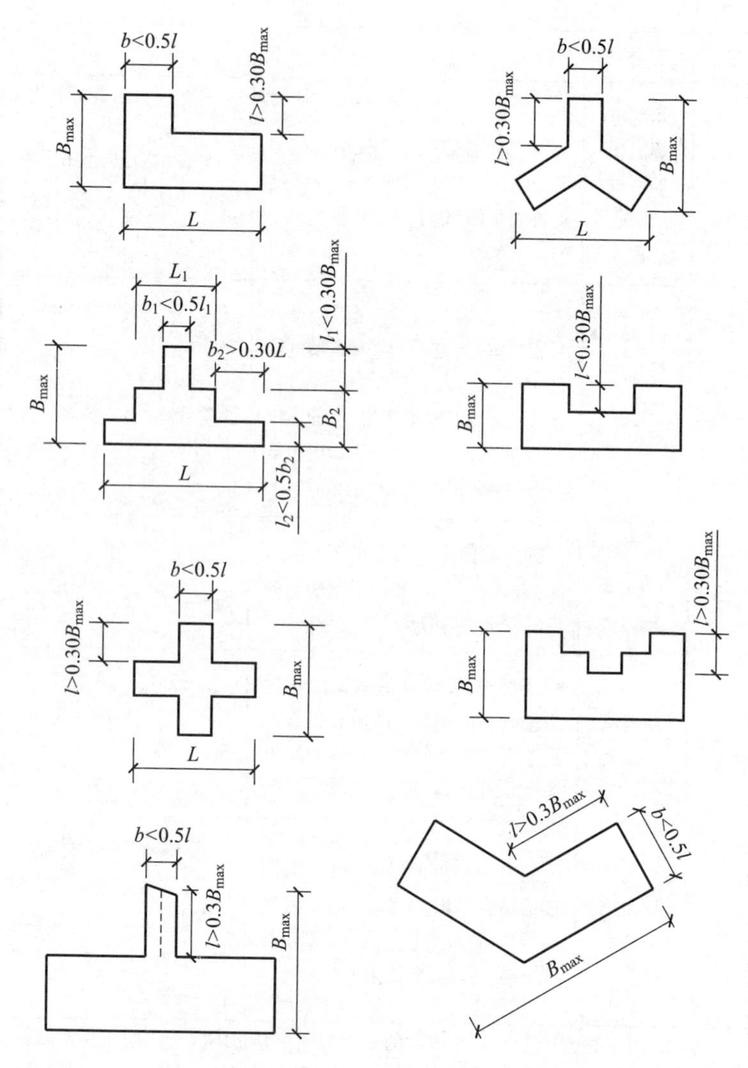

图 3.2.1–1 结构平面凹凸不规则示意图

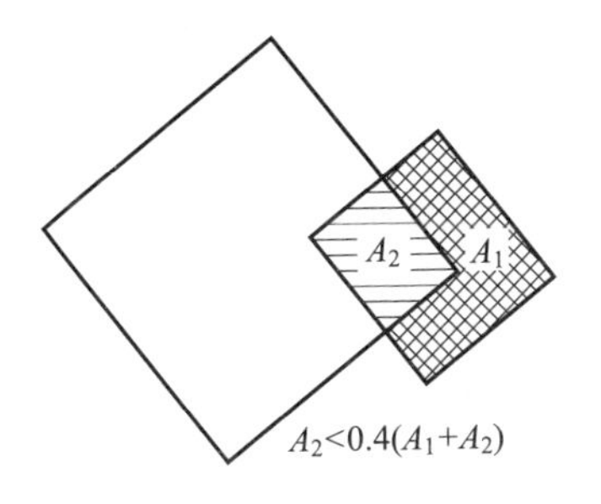

图 3.2.1-2　结构平面角部重叠不规则示意图

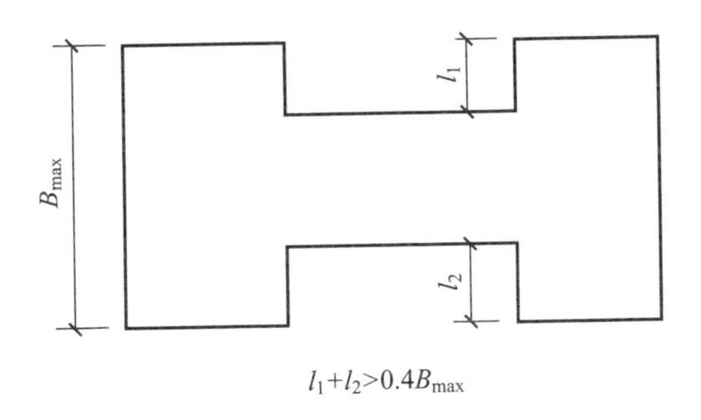

图 3.2.1-3　结构平面细腰形不规则示意图

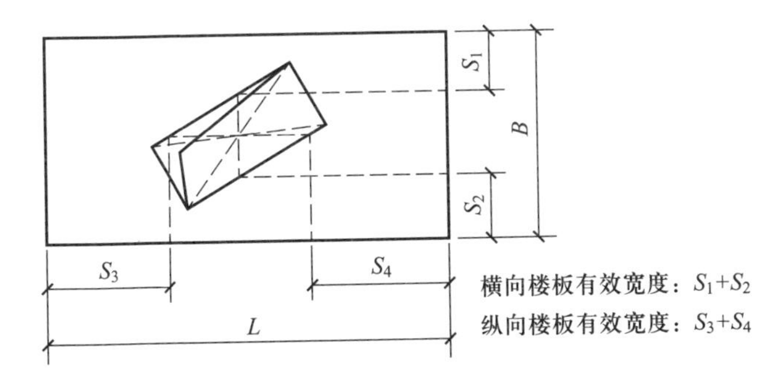

图 3.2.1-4　有效楼板宽度计算示意图

表 3.2.1-3　特别不规则的简要含义

序号	不规则类型	简要含义
1	高位转换	框支剪力墙结构转换层的位置，7 度设防时超过 5 层，8 度设防时超过 3 层
2	厚板转换	不低于 7 度设防的厚板转换结构（厚板面积范围超过 50%）
3	复杂连接	各部分层数、刚度、布置不同的错层，连体两端塔楼高度、体型或沿大底盘某个主轴方向的振动周期显著不同的强连接连体结构
4	多重复杂	结构同时具有转换层、加强层、错层、连体和多塔等复杂类型中的 3 种

注：表中“复杂连接”的错层结构指超过总层数 50% 的楼层两个主轴方向同时存在错层的结构。

3.2.2　高层建筑平面规则性的超限程度宜符合下列要求：

1. 平面布置中的凹口深度超限的情况如图 3.2.2-1 所示，l/B_{max} 的比值不宜大于 70%，超过此值时宜改变建筑和结构平面布置。

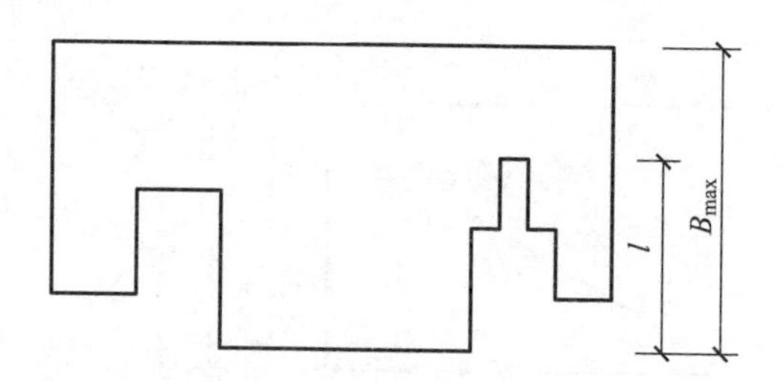

图 3.2.2-1　凹口深度超限的平面布置示意图

2. 各标准层平面中楼板间连接较弱（洞口周围无剪力墙）的情况如图 3.2.2-2 所示，$(S_1+S_2)/B$ 的值不宜小于 30%，不满足上述要求时宜改变建筑和结构平面布置。

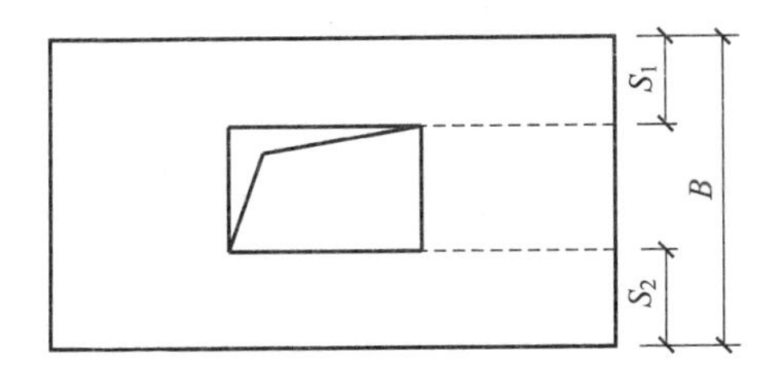

图 3.2.2–2　楼板间连接较弱的平面示意图

3.3　其他类型超限高层建筑工程

3.3.1　下列特殊类型的高层建筑为超限高层建筑工程：结构类型未列入现行国家和地方技术标准的其他建筑；采用现行国家和地方技术标准未包括的新材料或新抗震技术的建筑；特殊形式的大型公共建筑，以及超长悬挑结构、特大跨度的连体结构等。

3.3.2　下列大跨屋盖建筑为屋盖超限的高层建筑工程：空间网格结构或索结构的跨度大于 100 m 或悬挑长度大于 40 m，钢筋混凝土薄壳跨度大于 60 m，整体张拉式膜结构跨度大于 60 m，屋盖结构单元的长度大于 300 m，屋盖结构形式为常用空间结构形式的多重组合、杂交组合以及屋盖形体特别复杂的大型公共建筑。

条文说明：这里的大型公共建筑主要指大型列车客运候车室、一级汽车客运候车室、一级港口客运站、大型航站楼、大型体育馆、大型影剧院、大型商场、大型博物馆、大型展览馆、大型会展中心和特大型机库等，其范围可参见现行国家标准《建筑工程抗震设防分类标准》（GB 50223）。

4 结构抗震概念设计及基本要求

4.1 抗震概念设计

4.1.1 结构体系应符合下列要求：

1. 应有多道抗震防线。

2. 应有合理完整的传力途径、明确的计算简图和连续的配筋设计。避免因部分结构或构件的破坏而导致整个结构体系丧失承受重力荷载、地震作用或风荷载的能力。对可能出现的薄弱部位，应进行有限元应力分析，并采取有效措施予以加强。

3. 应具有必要的强度、刚度和良好的变形、延性、耗能能力以及合理的屈服机制。

4. 应具有合理的强度和刚度分布，尽可能避免出现薄弱层和软弱层，避免软弱层和薄弱层出现在同一楼层，且注意防止结构构件在刚度退化后扭转性能发生明显改变。

条文说明：

1. 由水平构件至竖向构件，由顶部至基础，具有直接、连续、完整的传力途径是最基本的力学概念之一，应在构件及构件之间配置满足整体性要求的连续钢筋，并进行细部节点设计。

2. 为了平衡剪力墙的偏置，有时在相反的一侧布置支撑，以平衡过大的扭矩。当支撑屈服或屈曲后，结构的抗扭性能会发生明显的改变。诸如此类的情况，应予以关注。

4.1.2 结构应满足整体稳定的要求，整体稳定性的评估可采用以下方法：

1. 对于简单体型的建筑物，可采用等效刚重比简单地估计建筑物的整体稳定性。

2. 对于复杂体型的高层建筑，宜采用三维有限单元法进行屈曲和重力二阶效应分析。弯曲临界屈曲因子 10 相当于等效刚重比 1.4。

3. 可采用结构稳定系数评估整体稳定性，结构稳定系数 0.1 相当于等效刚重比 1.4。

条文说明：结构稳定系数的计算可参见现行国家标准《建筑抗震设计规范》(GB 50011)第 3.6.3 条。

4.1.3 应合理确定结构的嵌固端位置。嵌固端的设置应符合下列要求：

1. 对于共用一个连通地下室的建筑群，应尽可能地将地下室顶板作为计算的嵌固端。

2. 除了满足规范规定的刚度比、嵌固端楼板厚度等要求以外，尚应注意地下室邻近主楼范围剪力墙布置的均匀性。

3. 当主楼首层楼板与地下室顶板存在错层时，应采取措施确保水平力的传递。与错层有关竖向构件的错层段的抗剪承载力应高于错层段以上部位的相应构件。当错层过高时，应提供错层段有足够侧向刚度以满足嵌固条件的分析结果。

4. 当地下室顶板开大洞时，应确保在大震作用下仍有可靠的传力途径。

5. 当在地下室顶板标高处设置局部转换时，转换梁应满足规范要求的强度和抗弯刚度，还应在垂直于梁轴线的方向上设置拉梁，提供抗扭刚度。对于托柱梁，其线刚度在两个方向上均宜大于所托柱的线刚度。

6. 即使嵌固端设置在首层以下楼层，首层楼板的厚度和构造要求仍需满足规范。

条文说明：错层过高是指错层的高度大于 1.8 m 和 1/2 层高中的较小者。若发生错层过高的情况，应建立带地下室的计算模型，验证错层段的层间位移角足够小，如 1/9999。

4.1.4 对于超高超限高层建筑，应从严把握建筑结构规则性以及整体性要求。应注意楼板局部开大洞导致较多数量的长短柱共用和细腰形平面可能造成的不利影响,避免过大的地震扭转效应。主楼与裙房间设置防震缝时,缝宽应适当加大或采取其他措施。

4.1.5 应加强楼板的整体性,避免楼板的削弱部位在大震下受剪破坏。不规则楼板的薄弱部位、柱支承双向板或转换厚板应满足小震混凝土核心层不裂(采用主拉应力作为控制指标)、中震钢筋不屈服、大震仍能承受竖向荷载和传递水平剪力的抗震设防标准。

4.1.6 对于由相互连接薄弱的多个子结构组成的结构,应采用分块刚性的概念对薄弱连接处的楼板进行应力分析,并采取必要的构造措施确保连接的可靠性。必要时,可取结构整体模型和分块模型单独计算结果的包络作为设计依据。

4.1.7 对于连体结构,应在综合分析比较柔性连接和刚性连接的利弊后,确定一个建筑和结构均比较合理的连接方案。当连接体两端主体建筑的高度、体型、刚度等明显不协调,且连接体较长时,连接体与支承体宜采用柔性连接。对复杂且刚性连接的连体结构,宜根据工程具体情况(包括施工),确定是否补充不同工况下各单塔结构的验算。

4.1.8 对于全楼错层结构,宜减少其他不规则的类型及程度。

4.1.9 对于多塔、连体、错层等复杂体型的结构,应尽量减少不规则的类型和不规则的程度;应注意分析局部区域或沿某个地震作用方向上可能存在的问题,分别采取相应的加强措施。

4.1.10 转换层应严格控制上下刚度比。墙体通过次梁转换和柱顶墙体开洞,应有针对性的加强措施。

4.1.11 当结构侧向刚度满足规范要求时,不建议设置水平加强层,以尽量使结构竖向刚度比较均匀。若确有需要,水平加强层的设置数量、位置、结构形式,应经分析比较后确定。伸臂构件的内力计算宜采用弹性膜楼板假定,上下弦杆应贯通核心筒的墙体,墙体在伸臂斜腹杆的节点处应采取措施避免应力集中导致破坏。

4.1.12 宜采用高性能部件和高性能结构材料，填充墙体宜采用轻质材料，在满足使用要求的前提下尽可能降低建筑自重。

4.1.13 结构扭转基本周期与第一平动周期的比值（简称周期比），A 级高度的高层建筑不宜超过 0.9，其他结构不宜超过 0.85，第一振型中扭转成分不宜超过 20%。

4.1.14 一般情况下，结构的第一或第二振型不应以扭转为主。但对于房屋高宽比小于 1 且侧向刚度特别大的结构、具有外挑质量的结构、强连接的连体结构等，扭转振型有可能为第一振型，可不限制周期比。

4.1.15 一般来说，采用刚性隔板模型的（超）高层建筑的扭转为一阶屈曲模态。可采用扭转临界屈曲因子来评估结构的扭转刚度。其下限值可取为 2.5。

条文说明：工程实例和研究表明，扭转周期比近似地为建筑物高宽度比的线性函数，即对于构件断面和布置相同的结构，随着建筑高度的增加，扭转周期比呈线性减小。对于超高层建筑，扭转周期比已经失去了作为扭转刚度控制性指标的作用。另外，当采用刚性隔板模型时，（超）高层建筑的扭转往往是一阶屈曲模态。扭转临界因子比弯曲屈曲因子更快地趋近 1。临界屈曲因子和自振周期均是二阶齐次微分方程的特征值，采用扭转临界屈曲因子评价结构的扭转刚度显得更为合理。

4.1.16 楼层的最大弹性水平位移（或层间位移）与该楼层两端弹性水平位移（或层间位移）平均值之比（简称位移比）宜小于 1.4。在确定位移比时，可以考虑带地下室模型的有利影响。

4.1.17 宜加强屋面装饰构件平面外与出屋面电梯井筒的连接，形成有效的空间工作状态。

4.2 结构体系的基本要求

4.2.1 各类结构体系应有其合适的使用高度、单位面积自重、墙体厚度、侧向刚度和抗扭刚度。超限高层建筑结构可采用框架、剪力墙、框架－剪力墙、板－柱－剪力墙、筒体以及巨型结构等结构体系。

条文说明：本条仅给出适用于超高层建筑的最基本结构体系。其中，筒体包括框筒、框架－核心筒、筒中筒及其他衍生结构；巨型结构包括巨型框架和巨型框架－核心筒结构。结构工程师可根据建筑师的要求，采用除本条以外的其他结构体系，只要能证明该体系具有良好的力学性能，能达到规范给出的类似结构同等的安全性能。

4.2.2 结构体系应根据建筑的抗震设防类别、抗震设防烈度、抗震性能目标、建筑的平面形状和体型、建筑高度、场地条件、地基、结构材料和施工等因素，经技术、经济和使用条件综合比较后确定。

4.2.3 框筒结构宜符合下列要求：

1. 柱距不宜大于 4 m。

2. 裙梁截面高度不宜小于柱净距的 1/4。

3. 洞口面积不宜大于墙面面积的 60%，洞口高宽比宜与层高和柱距之比接近。

4. 当第 1 款—第 3 款不能满足时，可采用桁架式筒体或交叉筒体等其他筒体结构形式。

条文说明：双重抗侧力结构无疑是一个理想的结构体系。但不等于任何高度的高层建筑都必须设计为双重抗侧力结构体系。因此，本条及第 4.2.4 条特别列出了框筒结构和核心筒结构的基本要求，以满足工程实践的需要。以密柱深梁组成的空间钢筋混凝土框筒结构是一种力学性能类似于悬臂空心圆柱体那样抵抗水平荷载的三维结构体系。对于单一抗侧力结构体系，应要求框筒承担全部的地震作用，并应对框筒结构进行非线性分析，进行基于性能的抗震设计，验证多道防线和性能目标。

4.2.4 单一核心筒结构宜符合下列要求：

1. 应控制核心筒结构的扭转刚度。

2. 应对墙体的边缘构件（暗柱和暗梁）进行罕遇地震作用下的极限承载力验算。

3. 应通过性能设计验证连梁和墙体边缘构件在地震作用下的延性和耗能能力。

条文说明：单一核心筒结构是指以核心筒为单一抗侧力构件的结构。本条第 2 款参照美国 ASCE 7 的 Building Frame System 编写。大震时，墙体产生大量斜裂缝。暗柱和暗梁组成的框架为大震不倒的实现提供了另外一条传力途径。此时，暗柱应按承载能力进行设计。进一步，应对核心筒结构进行非线性分析和性能设计，验证多道防线和性能目标。

4.2.5 框架 - 核心筒结构宜符合下列要求：

1. 应设置外框梁，且梁的跨高比不宜小于 1/18。若设计人员确有经验，可适当放松。但框架柱在梁 - 柱节点处应具有反弯点，应采取措施使梁的延性和耗能达到预期的性能目标。

2. 小震设计阶段，框架部分计算分配的楼层地震剪力，除底部个别楼层、加强层及其相邻上下层外，多数不低于基底剪力的 8%，最大值不宜低于 10%，最小值不宜低于 5%。

3. 若第 2 款不能满足，宜采取措施确保核心筒具有双重抗震体系特性，连梁屈服后能够消耗地震输入的能量，相应的框架和墙肢能承受由于连梁屈服内力重分布后的地震作用，核心筒承担的地震剪力宜放大 10%（核心筒已承担楼层全部地震剪力时除外），并验算核心筒在大震下的极限承载力，通过非线性分析确认结构能达到预期的性能目标。

4. 小震设计阶段，框架宜按独立承担 25% 的底部总地震剪力和按弹性刚度分配剪力中较大值进行设计。调整框架柱的地震剪力后，框架柱端弯矩宜进行相应调整，与之相连的框架梁的内力可不调整。

条文说明：对于双重抗侧力结构体系，对框架承担的水平剪力进行调整是必要的。但是，以分配的楼层地震剪力标准值的最大值来判别周边框架的强弱和调整剪力的方法并不合适。非线性分析进一步表明,连梁屈服后,水平剪力从核心筒转向框架,主要发生在结构的中下部。本条第 4 款的物理意义为:对于双重抗侧力结构体系,框架必须承担以底部剪力百分比形式表示的最小地震作用。

4.2.6 巨型框架 – 核心筒结构宜符合下列要求:

1. 结构平面布置宜简单、规则,竖向体型宜规则、均匀;在材料相同的情况下,应尽量满足两个主轴方向等效惯性矩最大的原则。

2. 伸臂桁架的数量、位置和结构形式应合理选择。伸臂桁架与核心筒之间、带状桁架与巨柱之间都应具有可靠的连接,加强结构的整体性,形成有效的抗侧力体系。需要设置周边带状桁架时,伸臂桁架和带状桁架宜同层设置。

3. 宜采用钢伸臂,钢伸臂应贯通核心筒的墙体(平面内可有小的斜交角度)。上、下弦杆均应以钢板构造的形式伸入墙体内,且宜设置斜腹杆,避免墙体因应力集中而开裂。

4. 宜采用型钢、钢管或钢板混凝土组合墙组成的核心筒,优先采用高强混凝土型钢、钢管组合墙。

5. 巨型柱可采用筒体、空间桁架或实腹型钢混凝土柱、钢管混凝土柱。

6. 无论小震、中震和大震,巨柱均不应发生斜截面剪切破坏。

7. 巨柱的计算长度应按屈曲分析确定。

8. 周边带状桁架宜为空间桁架。

9. 伸臂层宜采用现浇钢筋混凝土楼板。分析模型中,应考虑楼板的变形。必要时,可设置水平桁架。

10. 伸臂桁架端部与竖向构件的连接,应考虑安装过程中的竖向变形差。

11. 当建筑的高度较高时,可将多种巨型结构体系联合应用,形成多重组合巨型结构体系。

条文说明：巨型框架-核心筒结构体系是由巨型构件（巨型梁、巨型柱、巨型支撑及伸臂等）和核心筒组成的主结构与常规结构构件组成的次结构共同工作的一种结构体系。主结构是主要抗侧力体系，次结构是依附于主结构的次要抗侧力体系。主结构的伸臂层不仅是传统意义上的加强层，也是巨型框架的重要组成部分。巨型框架为强度控制构件，性能水准不宜低于基本完好（OP）。次结构为延性构件，性能水准可为中等破坏或严重破坏。目前不少超高层巨型框架-核心筒结构采用钢板混凝土组合墙。由于钢板的布置形式及钢板和混凝土不同的膨胀系数，在已建工程的墙体中会出现不同程度的开裂，严重影响了高强混凝土的使用。因此，本条第4款推荐优先使用型钢或钢管混凝土组合墙。

4.2.7 对于屋盖超限工程，其结构体系和布置应符合下列要求：

1. 应明确所采用的结构形式、受力特征和传力特性、下部支承条件的特点，以及具体的结构安全控制荷载和控制目标。

2. 对非常用的屋盖结构形式，应给出所采用的结构形式与常用结构形式的主要不同。与常用结构形式在振型、内力分布、位移分布及整体稳定特征等方面进行对比分析。

3. 应明确主要传力杆件和薄弱部位，提出有效控制屋盖构件承载力和稳定的具体措施，且详细论证其技术可行性。

4. 下部支承结构应为屋盖结构提供符合受力性能要求的支承约束条件。

5. 对桁架、拱架、张弦结构，应明确给出提供平面外稳定的结构支撑布置和构造要求。

5　基于性能的抗震设计基本要求

5.1　地震动水准和地震动参数

5.1.1　超限高层建筑应根据其使用功能的重要性分为特殊设防类、重点设防类、标准设防类（简称甲、乙、丙类）三个抗震设防类别。抗震设防类别的划分应符合现行国家标准《建筑工程抗震设防分类标准》（GB 50223）的规定，各抗震设防类别建筑的抗震设防标准应不低于现行国家标准《建筑抗震设计规范》（GB 50011）的规定。

5.1.2　一般情况下超限高层建筑的抗震设计可采用三个地震水准：多遇地震（小震）、设防烈度地震（中震）、罕遇地震（大震）。

5.1.3　超限高层建筑所在地区遭受地震影响时，应采用下列规定的设计地震动参数：

1. 当建筑所在场地处于相邻两类场地的分界附近时，场地的设计特征周期应内插取值。

2. 对已做过抗震设防区划的地区、厂矿和小区，可按批准的抗震设防烈度或设计地震动参数确定。

3. 对已进行过场地地震安全性评价（以下简称安评）的工程项目，可按下列规定的地震动参数确定：

（1）对于多遇地震，应通过各个主轴方向的主要振型所对应的底部剪力的对比分析，按安评结果和规范结果二者中的较大值采用，且计算结果应满足规范最小剪力系数的要求；

（2）对于设防烈度地震和罕遇地震，地震作用的取值一般可按规范参数采用，也可根据经济条件取大于规范值的安评参数。

4. 抗震设防烈度和设计基本地震加速度取值的对应关系应

按现行国家标准《建筑抗震设计规范》(GB 50011)采用。

条文说明：一般建筑的设计使用年限为50年，现行国家标准《建筑抗震设计规范》(GB 50011)规定的地震水准是按50年的设计基准期确定的。对于设计使用年限超过50年的结构，其地震作用需要进行适当调整，取值经专门研究提出并按规定的权限批准后确定。当缺乏当地的相关资料时，可参考《建筑工程抗震性态设计通则(试用)》(CECS160)的附录A，设计使用年限为70年时调整系数可取1.15～1.2，为100年时可取1.3～1.4。当建筑所在场地处于相邻两类场地的分界附近时，可根据土层的等效剪切波速和场地覆盖层厚度线性内插确定场地的设计特征周期，具体可参见现行国家标准《建筑与市政工程抗震通用规范》(GB 55002)第4.2.2条。

5.1.4 结构时程分析时所选取的地震波应满足一定的场地特征、统计特性、有效峰值、持续时间以及震源机制等要求。天然波的数量不应小于总数量的2/3，至少需要输入3组地震波。每一组波形的强震持续时间一般不宜小于结构基本自振周期的5倍和15 s；当截取加速度时程记录作为输入地震作用时，截取的时间段不应短于强震段的持续时间。其平均地震影响系数曲线应与振型分解反应谱法所采用的地震影响系数曲线在统计意义上相符。

条文说明：在弹性时程分析时，每条时程曲线计算得到的结构底部剪力不应小于振型分解反应谱法得到的底部剪力的65%，多条时程曲线计算得到的结构底部剪力的平均值不应小于振型分解反应谱法得到的底部剪力的80%。对于双向地震动输入的情况，上述统计特性要求仅针对水平主方向。在进行底部剪力比较时，单向地震动输入的时程分析结果与单向反应谱分析结果进行对比，双向地震动输入的时程分析结果与双向反应谱分析结果进行对比。可采用现行上海市工程建设规范《建筑抗震设计标准》(DG/TJ 08—9)附录A中的地震波。

5.2 抗震性能水准和抗震性能目标

5.2.1 超限高层建筑的抗震性能水准按震后可继续使用功能的受影响程度和结构构件损伤等级可分为完全可使用、可使用、基本可使用、修复后使用和生命安全五个水准,其综合描述见表 5.2.1。

表 5.2.1 超限高层建筑结构的抗震性能水准划分

结构抗震性能水准	可继续使用功能的受影响程度	结构构件的损伤等级		
		关键构件	主要构件	次要构件
第 1 水准(完全可使用)	建筑功能完整,不需修理即可使用	完好	完好	完好
第 2 水准(可使用)	建筑功能基本完整,稍作修理可继续使用	完好	基本完好	轻微损坏
第 3 水准(基本可使用)	建筑功能受扰,一般修理后可继续使用	基本完好	轻微损坏	中等损坏
第 4 水准(修复后使用)	功能受到较小影响,花费合理的费用经修理后可继续使用	轻微损坏	中等损坏	部分严重损坏
第 5 水准(生命安全)	功能受到较大影响,短期内无法恢复,危及人员安全	中等损坏	部分严重损坏	严重损坏

条文说明:

1. 结构构件的损伤等级分为完好、基本完好、轻微损坏、中等损坏、严重损坏和倒塌 6 个等级。以受弯为主的延性破坏钢筋混凝土梁和柱构件为例,其损伤等级划分示意如图 5.2.1 所示。完好为:构件基本保持弹性,产生细微裂缝,钢筋未屈服,残余裂缝宽度小于 0.2 mm,不需要修复。基本完好为:构件发生屈服,混凝土保护层没有被压碎,残余裂缝宽度小于1.0 mm,在正常环境下可不采取补救措施,对于极端环境的构件可适当修复以保证耐久性要求。轻微损坏为:混凝土保护层压碎,但未剥落,残余裂缝宽度小于2.0 mm,采取简单的修复措施即可恢复功能。中等损坏为:混凝土保护层剥落,花费合理的费用可以修复。严重损坏为:混凝土剥落严重,但是未发生纵筋被压曲或断裂现象,核心区混凝土未被压碎,没有倒塌危险。倒塌为:纵筋被压屈或断裂,或箍筋断裂,或核心区混凝土被压碎,结构有发生倒塌的风险。可以通过限制混凝土和钢筋的应变获得构件对应于各损伤等级的变形限值。

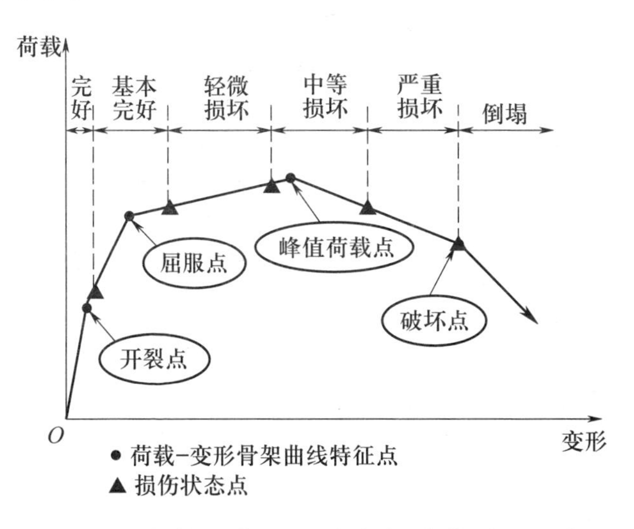

图 5.2.1　延性破坏钢筋混凝土构件的损伤等级划分示意图

2. “关键构件”是指对结构的抗震安全性至关重要的主要抗侧力构件,包括关键部位(抗震薄弱部位)的主要构件,其失效可能会引起结构的连续破坏或危及生命的严重破坏;“主要构件”是指“关键构件”以外的对结构的安全有较重要影响的构件,如普通的竖向构件、伸臂桁架等;“次要构件”是指上述两类构件以外的结构构件，如普通框架梁、剪力墙连梁、耗能支撑等。

3. “部分”是指同类构件数量的百分比小于30%。

4. 当三类构件中至少一类构件的损伤等级达到某抗震性能水准的标准时，可判定结构处于该抗震性能水准。

5.2.2 超限高层建筑的抗震性能目标应综合考虑抗震设防类别、设防烈度、场地条件、结构的超限情况、建造费用、震后损失和修复难易程度等各项因素后确定，且应论证其合理性和可实施性。

5.2.3 超限高层建筑整体结构的抗震性能目标可分为Ⅰ、Ⅱ、Ⅲ、Ⅳ四个类别，其定义见表5.2.3。

表5.2.3 超限高层建筑结构的抗震性能目标

抗震性能目标类别	抗震性能水准		
	多遇地震	设防烈度地震	罕遇地震
Ⅰ	第1水准（完全可使用）	第1水准（完全可使用）	第2水准（可使用）
Ⅱ	第1水准（完全可使用）	第2水准（可使用）	第3水准（基本可使用）
Ⅲ	第1水准（完全可使用）	第3水准（基本可使用）	第4水准（修复后使用）
Ⅳ	第1水准（完全可使用）	第4水准（修复后使用）	第5水准（生命安全）

条文说明：结构的抗震性能目标确定应具有针对性，可根据实际需要和可能，按表5.2.3选择针对整个结构的抗震性能目标，也可以采用针对结构的局部部位、构件或节点以损伤等级表述的性能目标。

5.3 设计方法

5.3.1 进行超限高层建筑基于性能的抗震设计时应先确定结构的抗震性能目标，接着进行多遇地震下的弹性设计，再按照本节条文对结构在中震和大震作用下的承载力和变形进行验算，并采取合理的抗震构造措施。

5.3.2 对处于各个抗震性能水准的构件,设计和验算可采用表5.3.2规定的方法。

表5.3.2 构件设计和验算方法

性能水准	构件类别		
	关键构件	主要构件	次要构件
1	弹性设计	弹性设计	弹性设计
2	弹性设计	正截面不屈服设计、斜截面弹性设计(变形检验)	正截面极限承载力设计、斜截面不屈服设计(变形检验)
3	正截面不屈服设计、斜截面弹性设计(变形检验)	正截面极限承载力设计、斜截面不屈服设计(变形检验)	正截面变形检验、斜截面极限承载力设计(变形检验)
4	正截面极限承载力设计、斜截面不屈服设计(变形检验)	正截面变形检验、斜截面极限承载力设计(变形检验)	变形检验
5	正截面变形检验、斜截面极限承载力设计(变形检验)	正截面变形检验、斜截面最小截面设计(变形检验)	变形检验

条文说明:目前,实际工程中常用的方法是通过提高构件的承载力来减小构件的地震损伤,从而实现抗震性能目标。本《指南》提出另一种设计方法,通过提高构件的变形能力来减小构件的地震损伤,实现预定的性能目标,此时可采用表5.3.2括号内验算构件变形的方法对构件的损伤等级(性能水准)进行检验。这是一种比较经济的方法,即通过结构在地震作用下的弹塑性分析获得构件的变形反应,通过与构件各损伤等级的变形限值的比较检验构件所处的损伤等级。对于构件的变形指标,可采用构件端部的塑性转角、总弦转角、材料应变等指标。目前,对于对应各类构件各损伤等级的变形指标限值取值,研究还不充分,在无可靠

依据时，可参考美国规范 ASCE 41—17 中的限值，基本完好可采用 IO（立即入住）对应的限值，严重破坏可采用 LS（生命安全）对应的限值，轻微破坏、中等破坏对应的限值可采用基本完好和严重破坏之间的三分点。

5.3.3 应对超限高层建筑在多遇地震和罕遇地震作用下的楼层最大层间位移角进行验算，楼层最大层间位移角限值宜符合下列要求：

1. 高度不大于 150 m 和高度不小于 250 m 的钢筋混凝土结构及钢 - 混凝土混合结构，在多遇地震作用下的最大层间位移角限值宜按表 5.3.3-1 采用。

2. 高度在 150 ~ 250 m 之间的钢筋混凝土结构及钢 - 混凝土混合结构，在多遇地震作用下的最大层间位移角限值宜根据高度按第 1 款的限值线性插入取用。

表 5.3.3-1 钢筋混凝土结构和钢 - 混凝土混合结构在多遇地震下的最大层间位移角限值

<table>
<tr><th colspan="2">结构类型</th><th colspan="2">位移角限值</th></tr>
<tr><td rowspan="7">高度不大于 150 m</td><td>钢筋混凝土框架</td><td>1/550</td><td>1/50</td></tr>
<tr><td>型钢混凝土柱 - 钢梁（组合梁）框架</td><td>1/500</td><td>1/50</td></tr>
<tr><td>钢柱（钢管混凝土柱）- 钢梁（组合梁）框架</td><td>1/250</td><td>1/50</td></tr>
<tr><td>钢筋混凝土剪力墙、钢筋混凝土筒中筒、钢外筒 - 钢筋混凝土核心筒、型钢（钢管）混凝土外筒 - 钢筋混凝土筒体</td><td>1/1000</td><td>1/120</td></tr>
<tr><td>钢筋混凝土框架 - 剪力墙、框架 - 核心筒、板 - 柱 - 剪力墙</td><td>1/800</td><td>1/100</td></tr>
<tr><td>钢筋混凝土框支层</td><td>1/1000</td><td>1/120</td></tr>
<tr><td>钢框架 - 钢筋混凝土筒体、型钢（钢管）混凝土框架 - 钢筋混凝土筒体</td><td>1/800</td><td>1/100</td></tr>
<tr><td colspan="2">高度不小于 250 m</td><td>1/500</td><td>1/100</td></tr>
</table>

3. 多遇地震作用下，对于钢筋混凝土剪力墙、钢筋混凝土筒中筒、钢外筒－钢筋混凝土核心筒、型钢（钢管）混凝土外筒－钢筋混凝土筒体结构，还要求嵌固端上一层的层间位移角不宜大于1/2500；对于钢筋混凝土框架－剪力墙（核心筒）、板－柱－剪力墙、钢框架－钢筋混凝土筒体、型钢（钢管）混凝土框架－钢筋混凝土筒体结构，嵌固端上一层的层间位移角不宜大于1/2000。

4. 钢筋混凝土结构及钢－混凝土混合结构，在罕遇地震作用下的最大层间位移角限值宜按表5.3.3-2采用。

5. 对于钢结构，最大层间位移角限值宜按表5.3.3-3采用。

表5.3.3-2　钢筋混凝土结构和钢－混凝土混合结构在罕遇地震下的最大层间位移角限值

结构类型	位移角限值
钢筋混凝土框架	1/50
型钢混凝土柱－钢梁（组合梁）框架	1/50
钢柱（钢管混凝土柱）－钢梁（组合梁）框架	1/50
钢筋混凝土剪力墙、钢筋混凝土筒中筒、钢外筒－钢筋混凝土核心筒、型钢（钢管）混凝土外筒－钢筋混凝土筒体	1/120
钢筋混凝土框架－剪力墙、框架－核心筒、板－柱－剪力墙	1/100
钢筋混凝土框支层	1/120
钢框架－钢筋混凝土筒体、型钢（钢管）混凝土框架－钢筋混凝土筒体	1/100

表5.3.3-3　钢结构的最大层间位移角限值

结构类型	地震水准	
	多遇地震	罕遇地震
多、高层钢结构	1/250	1/50

5.3.4 在进行多遇地震作用下各类构件的弹性设计时，应采用现行国家标准《建筑抗震设计规范》（GB 50011）及现行行业标准《高层建筑混凝土结构技术规程》（JGJ 3）等相关标准规定的方法。

5.3.5 在进行设防烈度地震或罕遇地震作用下各类构件的弹性设计时，应不考虑抗震等级的地震效应调整系数，不计入风荷载效应的地震作用效应组合，按式（5.3.5）验算抗震承载力：

$$\gamma_G S_{GE}+\gamma_E S_{Ek}(I,\xi_1)\leqslant R/\gamma_{RE} \tag{5.3.5}$$

式中 γ_G——重力荷载分项系数；

γ_E——地震作用分项系数；

$S_{Ek}(I,\xi_1)$——对应于设防烈度地震或罕遇地震（隔震结构包含水平向减震影响）I，考虑附加阻尼比（部分构件进入塑性、消能减震结构）ξ_1 影响的地震作用标准值效应。

5.3.6 在进行设防烈度地震或罕遇地震作用下各类构件的不屈服设计时，应采用不计风荷载效应的地震作用标准组合，按式（5.3.6）验算抗震承载力：

$$S_{GE}+S_{Ek}(I,\xi_1)\leqslant R_k \tag{5.3.6}$$

5.3.7 在进行设防烈度地震或罕遇地震作用下各类构件的极限承载力设计时，应采用不计风荷载效应的地震作用标准组合，按式（5.3.7）验算极限承载力：

$$S_{GE}+S_{Ek}(I,\xi_1)\leqslant R_u \tag{5.3.7}$$

式中，R_u 为按材料最小极限强度值计算的承载力，钢筋强度可取屈服强度的 1.25 倍，混凝土强度可取立方体强度的 0.88 倍。

5.3.8 在进行设防烈度地震或罕遇地震作用下各类构件的斜截面最小截面设计时，对于钢筋混凝土竖向构件，其受剪截面应符合式（5.3.8-1）的要求：

$$V_{GE}+V_{Ek}(I,\xi_1)\leqslant 0.15f_{ck}bh_0 \tag{5.3.8-1}$$

式中，$V_{Ek}(I, \xi_1)$为对应于设防烈度地震或罕遇地震（隔震结构包含水平向减震影响）I，考虑附加阻尼比（部分构件进入塑性、消能减震结构）ξ_1影响，不考虑抗震等级的地震效应调整系数的地震作用标准值的构件剪力。

对于钢－混凝土组合剪力墙，其受剪截面应符合式（5.3.8-2）的要求：

$$V_{GE}+V_{Ek}(I, \xi_1)-0.25f_{ak}A_a-0.5f_{spk}A_{sp} \leqslant 0.15f_{ck}bh_0 \quad (5.3.8\text{-}2)$$

式中 f_{ak}——剪力墙端部暗柱中型钢的强度标准值；

A_a——剪力墙端部暗柱中型钢的截面面积；

f_{spk}——剪力墙墙内钢板的强度标准值；

A_{sp}——剪力墙墙内钢板的截面面积。

6 结构计算分析的基本要求

6.1 一般要求

6.1.1 结构抗震计算分析应采用 2 个或 2 个以上符合结构实际受力情况的力学模型和经建设主管部门鉴定的计算程序。

6.1.2 结构计算模型的建立、必要的简化计算与处理应符合结构的实际工作状况，计算时应考虑楼梯构件对结构整体及周边构件受力的影响。

条文说明：楼梯构件对不同的结构整体的受力影响程度不同，对于影响程度小的楼梯，如楼梯间周边设置了剪力墙的楼梯（沿梯板方向的墙肢总长不小于楼梯间相应边长的 50%），整体内力分析的计算模型可不考虑楼梯构件的影响。

6.1.3 采用新型构件或新型结构时，计算软件及计算模型应能准确反映构件受力和结构传力特征。

6.1.4 对结构的计算分析结果应进行合理性判断，设计者可结合工程经验和力学概念考虑结构整体与局部两个方面，注意计算假定与实际受力的差异（包括刚性楼板、弹性楼板、分块刚性板的区别），通过结构各部分构件的受力状况、层间位移角沿高度的分布特征，判断结构整体的受力特征以及最不利情况。在确认计算结果合理、可信后方可将其作为设计依据。

6.1.5 结构受力特性的有利和不利情况，可通过结构各部分受力分布的变化以及最大层间位移的位置和分布特征进行判断。

6.1.6 应采用弹性时程分析法对结构进行多遇地震作用下的补充计算。弹性时程分析的结构分析模型应与反应谱分析一致。时程分析结果应与振型分解反应谱法的计算结果进行比较。

6.1.7 宜采用弹塑性分析方法对结构进行补充计算，并满足下列要求：

1. 高度不超过 150 m 时，可采用静力弹塑性分析方法；高度超过 200 m 或扭转效应明显的结构，应采用动力弹塑性分析方法（非线性时程分析方法）；高度在 150 ~ 200 m 之间时，可根据结构的自振特性、变形特征和不规则程度选择静力或动力弹塑性分析方法；对高度超过 300 m、新型结构或特别复杂的超限高层建筑，应采用两个不同的弹塑性分析软件独立进行计算校核。

2. 进行弹塑性分析时，应采用构件的实际尺寸和配筋（混凝土构件的实际配筋，型钢、钢构件的实际截面规格等），以构件的实际承载力为基础，整体模型应采用三维空间模型，构件可采用在主要受力平面内的杆系或平面模型，但应考虑结构空间地震反应在该方向的组合作用。梁、柱等杆系构件可简化为一维单元，宜采用纤维模型或塑性铰模型；剪力墙、楼板等构件可简化为二维单元，宜采用壳单元、板单元或膜单元；巨型构件（如巨柱）可简化为三维单元，宜采用实体单元。计算分析的重点在于发现结构的薄弱部位，然后提出相应的加强措施。

条文说明：静力弹塑性分析方法适用于以第一阶平动振型为主的结构，对于振型形式复杂的结构如多塔结构、大型公共空间结构等，不宜采用该方法。

6.1.8 进行时程分析时，若采用三组地震波进行分析，计算结果宜取各组地震波计算结果的包络值；若采用七组地震波，可取其平均值。

6.1.9 进行静力弹塑性分析时，要求结构振型清晰，第一、第二振型为平动振型。侧向力的分布形式宜适当考虑高阶振型的影响，应至少采用两种不同的侧向力竖向分布形式，可采用均匀分布形式、各层的侧向力与该层的重力荷载代表值成正比的分布形式或模态分布形式（各层的侧向力与利用振型分解反应谱分析得到的侧向力成正比）。若结构明显不对称，应沿正反两个方向进行推覆。对于输出，应校核等效单自由度系统的初始周期、小震性能点的顶部位移和底部剪力与弹性分析结果的接近程度。应校核第一批塑性铰出现时的地震水准。应比较大震性能点的目标位移以及构件的性能水准与预期的性能目标,全面评估结构的抗震性能。

6.1.10 动力弹塑性分析中的力学计算模型应能代表结构质量的实际空间分布,各个结构构件的恢复力模型应能反映构件实际的力－变形关系特征,体现屈服、强度退化、刚度退化、滞回捏拢等重要规律。钢筋混凝土构件的骨架曲线和恢复力关系可按本《指南》附录 A 采用。

6.1.11 在进行小震作用下的强度设计时,宜取考虑偶然偏心和双向地震作用二者中的较大值。在验算小震作用下的层间位移角时,可不考虑偶然偏心和双向地震作用的影响。

6.1.12 结构各层的地震作用标准值的剪力与其以上各层总重力荷载代表值的比值(即楼层地震剪力系数)应符合抗震设计规范规定的楼层最小地震剪力系数的要求。当楼层最小地震剪力系数不满足要求时,应对结构方案进行分析。若结构方案不合理,则宜对结构方案进行调整;若结构方案合理,当某楼层地震剪力系数偏小时,可仅对该楼层放大剪力。当结构底部的总地震剪力系数(剪重比)偏小时,应直接对全楼放大地震作用,并按放大后的地震作用进行结构变形验算和构件设计。

6.1.13 软弱层地震剪力和不落地构件传给水平转换构件的地震内力的调整系数取值,应依据超限的具体情况取大于规范的规定值。

6.1.14 计算各振型地震影响系数所采用的结构自振周期时,应考虑非承重墙体的刚度影响并予以折减。

6.1.15 温度作用应按合理的温差值确定,应分别考虑施工、合拢和使用三个不同时期各自的不利温差。

6.1.16 对于含有地下室的建筑结构,当同时满足下列要求时,可以将地下室顶板作为结构的嵌固部位进行计算分析:

1. 采用桩筏或桩箱基础。

2. 每根桩与筏板（箱基底板）有可靠的连接。

3. 基础周边的桩能承受可能产生的拉力。

4. 地下室为一层或两层时，地下一层结构的楼层侧向刚度不小于相邻上部楼层侧向刚度的1.5倍；当地下室超过两层时，地下一层结构的楼层侧向刚度不小于相邻上部楼层侧向刚度的2倍。

5. 地下室顶板未开设大洞口，采用现浇梁板结构；楼板厚度不小于180 mm。

条文说明：

1. 如遇地下室面积较大而上部塔楼面积较小的情况，在计算地下室结构的侧向刚度时，只能考虑塔楼及其周围的抗侧力构件的贡献，塔楼周围的范围可以在两个水平方向分别取地下室层高的2倍左右。

2. 一般地下室顶板的洞口面积不宜大于顶板面积的30%，且洞口边缘与主体结构的距离不宜太近（主体结构的边缘至洞口边缘的净距不宜小于2 m），否则应采取有效的加强措施。

3. 对于地下室顶板不能作为结构嵌固部位的结构，地下室顶板中出现的楼板局部不连续宜计入不规则项。

6.1.17 应注意梁刚度增大系数的选择和应用，若计算时考虑了混凝土楼板的刚度影响，配筋计算也应将一定范围内的楼板钢筋考虑在内，该范围内的楼板钢筋应按受力要求满足搭接、锚固等构造要求。

6.1.18 剪力墙连梁可采用杆单元或壳单元模拟。当连梁的跨高比小于4时，宜采用壳单元模拟。

6.1.19 出屋面结构和装饰构架自身较高或体型相对复杂时，应参与整体结构分析，材料不同时还需适当考虑阻尼比不同的影响，并且选取足够多的振型，构架内力宜作适当放大，应特别加强其与主体结构的连接部位。

条文说明：对于出屋面结构和装饰构架，可不控制扭转位移比指标。

6.1.20 对于楼板开洞（包括面积较小的局部夹层）出现长、短柱共用的结构，应考虑中震、大震中短柱先发生刚度退化，随后地震剪力转由长柱承担的可能，需保证长、短柱的安全，并要求楼板也应具有传递地震作用的能力。

条文说明：可采用弹塑性分析的方法对结构在中震和大震作用下长、短柱的受力性能和安全进行检验。

6.1.21 上部墙体开设边门洞等的水平转换构件，应根据具体情况加强；必要时，宜采用重力荷载下不考虑墙体共同工作的手算复核。

6.1.22 对于细腰位置设置楼、电梯间的结构，连接部位的楼盖很弱，整体分析时应采用细腰部位楼盖非刚性的模型计算，复核端部相对于细腰部位的扭转效应，并采取措施保证结构大震下的安全性。对仅一边有楼板联系的剪力墙井筒，在进行结构整体抗侧计算时，宜将其参与刚度作适当折减。

条文说明：对仅一边有楼板联系的剪力墙井筒，在进行结构整体抗侧计算时，可将其参与刚度折减 25% ~ 30%。

6.1.23 在计算跨度大于 24 m 的连体结构的竖向地震作用时，宜参照竖向时程分析结果确定。

6.1.24 对于特别复杂的结构、高度超过 200 m 的钢－混凝土混合结构、高度超过 300 m 的超高层结构、屋盖超限空间结构以及静载下构件竖向压缩变形差异较大的结构，应进行重力荷载下的施工模拟分析。地震作用下结构的内力组合，应以施工全过程完成后的静载内力为初始状态；当施工方案与施工模拟计算分析不同时，应重新调整相应的计算。

6.2 高度超限工程的要求

6.2.1 当结构平面规则性不超限时，为减少计算工作量可采用刚性楼板模型。

6.2.2 进行结构抗震计算时至少应取 15 个振型,当房屋层数较多或高度很高时,应多取一些振型,振型数的取值应满足振型参与的有效质量大于总质量的 90% 的要求。

6.2.3 应验算结构整体的抗倾覆稳定性,进行竖向抗侧力构件在水平地震作用下的受拉计算分析;验算桩基在侧向力最不利组合情况下桩身是否会出现拉力或过大压力,并通过调整桩的布置,控制桩身尽量不出现拉力或超过桩在竖向力偏心作用时的承载力。

6.3 平面规则性超限时的要求

6.3.1 由于平面规则性超限对楼板的整体性有较大影响,一般情况下楼板在自身平面内刚度无限大的假定已不适用。因此,在结构计算模型中应考虑楼板的弹性变形(一般情况下可采用弹性膜单元)。

6.3.2 在考虑楼板弹性变形影响时,可采用下述两种处理方法:

1. 采用分块刚性模型加弹性楼板连接的计算模型,即将凹口周围各一开间或局部凸出部位的根部开间的楼板考虑为弹性楼板,而其余楼板考虑为刚性楼板(图 6.3.2)。这样处理可以求得凹口周围或局部凸出部位根部的楼板内力,还可以减少部分建模和计算工作量。

2. 对于点式建筑或平面尺寸较小的建筑,也可以将整个楼

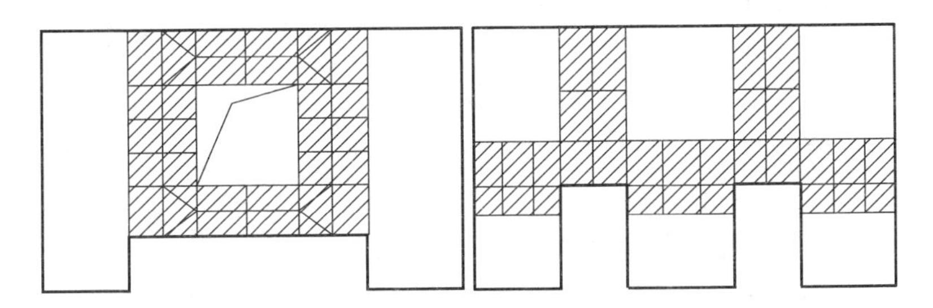

图 6.3.2 分块刚性模型加弹性楼板连接的计算模型(斜线部分为弹性楼板)

面都考虑为弹性楼板。这样处理,建模和计算过程比较简单、直观,计算结果较精确,但计算工作量较大。

6.3.3 应对楼板在地震作用和竖向荷载组合作用下的主拉应力进行验算,计算结果应能反映楼板在凹口部位、凸出部位的根部以及连接较弱部位的内力,以作为楼板截面设计的参考。

条文说明:当楼板形式为叠合板时,计算楼板应力时,楼板的计算模型应考虑其实际情况。在进行楼板应力计算时,楼板可采用壳单元或三维实体单元。对于楼板的应力验算,可要求小震时(只计算地震作用)楼板混凝土应力不超过混凝土抗拉强度标准值,中震时(地震作用和竖向荷载组合)楼板钢筋不屈服。

6.4 立面规则性超限时的要求

6.4.1 对于立面收进幅度过大引起的超限,当楼板无开洞且平面比较规则时,在计算分析模型中可以采用刚性楼板,一般情况下可以采用振型分解反应谱法进行计算。结构分析的重点应是检查结构的位移有无突变,结构刚度沿高度的分布有无突变,结构的扭转效应是否能控制在合理范围内。

6.4.2 对于连体建筑,由于连体部分的结构受力非常复杂,因此在结构分析中应采用局部弹性楼板、多个刚性块、多个质量块弹性连接的计算模型。连接体部分的全部楼板采用弹性楼板模型,连接体以下的各个塔楼楼板可以采用刚性楼板模型(规则平面时)。应特别分析连体部分楼板和梁的应力及变形,在小震作用计算时应控制连接体部分的梁、板上的主拉应力不超过混凝土轴心抗拉强度设计值。还应检查连接体以下各塔楼的局部变形及对结构抗震性能的影响。连体部分采用弱连接时,应对各塔楼按独立单元进行抗震补充计算。

6.4.3 立面开大洞建筑的计算模型和计算要求与连体建筑类似,宜将洞口以上的全部楼板考虑为弹性楼板,应重点检查洞口角部构件的内力,避免在小震时出现裂缝。对于开大洞而在洞口以上的转换构件还应检查其在竖向荷载下的变形，并评价这种变形对洞口上部结构的影响。

6.4.4 多塔楼建筑计算分析的重点是大底盘的整体性以及大底盘协调上部多塔楼的变形能力，应采用下列方法进行计算分析：

1. 一般情况下大底盘的楼板在计算模型中应按弹性楼板处理（一般情况下宜采用壳单元），每个塔楼的楼层可以考虑为一个刚性楼板（规则平面时）。

2. 当只有一层大底盘、大底盘的等效剪切刚度大于上部各塔楼等效剪切刚度之和的 2 倍以上且大底盘屋面板的厚度不小于 200 mm 时，大底盘的屋面板可以取为刚性楼板以简化计算。

3. 计算时整个计算体系的振型数不应小于 18 个，且不应小于塔楼数的 9 倍。

4. 大底盘屋面板的受力和配筋应考虑塔楼的地震剪力及其相位差产生的不利影响。

5. 当大底盘楼板削弱较多（如逐层开大洞形成中庭等），以至于不能协调多塔楼共同工作时，在罕遇地震作用下可以按单个塔楼进行简化计算，计算模型中大底盘的平面尺寸可以按塔楼的数量进行平均分配或根据建筑结构布置进行分割，整个计算模型要考虑大底盘的层数。计算示意如图 6.4.4 所示。

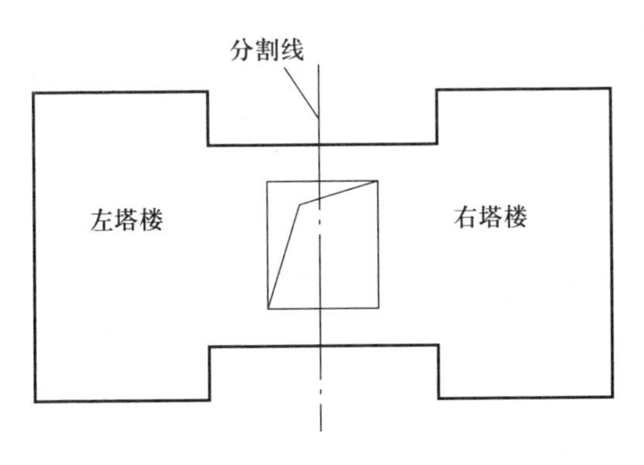

图 6.4.4 多塔楼建筑计算分析时裙房平面分割示意图

条文说明：从上海已完成的大底盘多塔楼结构模型的振动台试验结果来看，当大底盘楼板削弱较多时，在大震作用下，图6.4.4中所示的连接体部位完全断裂破坏，不能协调两个塔楼的共同工作，两个塔楼趋向于独立振动。因此，在抗震分析中按单个塔楼进行计算是必要的，并采用较不利的结果进行结构设计。

6.4.5 对于带转换层的结构，在计算模型中应考虑转换层以上一层及转换层以下各层楼板的弹性变形，按弹性楼板假定计算结构的内力和变形。结构分析的重点除与立面收进建筑的要点相同之外，还应重点检查框支柱所承受的地震剪力的大小、框支柱的轴压比以及转换构件的应力和变形等。在计算框支层的上下层刚度时，宜取转换梁的中线划分上下楼层。框支柱应进行中震承载力的验算，框支梁应保证大震安全。

6.4.6 对于错层结构，在整体计算时，应将每一个错层楼面作为一个计算单元，按楼板的结构布置分别采用刚性楼板或弹性楼板模型进行计算分析。对于楼层位移和层间位移的扭转位移比，须采用每个局部楼板四个角点的对应数据手算复核。错层部位的内力，应注意沿楼板错层方向和垂直于错层方向的差异，并按不利情况设计。对错层处的墙体应进行局部应力分析，并作为校核配筋设计的依据。错层处应注意短柱的产生。

6.4.7 加强层的设置，一般对结构抗风有利但对抗震不利。对于带加强层的结构，加强层上、下刚度比宜按弹性楼板模型进行整体计算，并考虑楼板在大震下可能开裂的影响，伸臂构件的地震内力宜取弹性膜楼板或平面内零刚度楼板假定计算。对于伸臂桁架上下弦杆所在楼层，宜进行楼板应力分析。

6.4.8 竖向不规则结构的地震剪力及构件的地震内力应做下列调整：

1. 对于刚度突变的薄弱层，地震剪力应至少乘以1.15的增大系数。

2. 不落地竖向构件传递给水平转换构件的地震内力应分别乘以1.8（特一级）、1.5（一级）、1.25（二级）的增大系数。

3. 当框支柱为3层及3层以上时，框支柱承担的地震剪力不应小于基底剪力的30%；当框支柱少于10根时，每根柱承担的地震剪力不应少于基底剪力的3%。

6.5 屋盖超限工程的要求

6.5.1 当设防烈度为8度时，屋盖的竖向地震作用应根据支承结构的高度参照整体结构时程分析结果确定。

6.5.2 屋盖结构的基本风压和基本雪压应按重现期100年采用；索结构、膜结构、长悬挑结构、跨度大于120 m的空间网格结构及屋盖体型复杂时，风载体型系数和风振系数、屋面积雪（含融雪过程中的变化）分布系数，应比规范要求适当增大或通过风洞模型试验或数值模拟研究确定。屋盖坡度较大时尚宜考虑积雪融化可能产生的滑落冲击荷载。尚可依据当地气象资料考虑可能超出荷载规范的风荷载。天沟和内排水屋盖尚应考虑排水不畅引起的附加荷载。

6.5.3 应进行三向地震作用效应的组合。对于需考虑竖向地震作用的结构，除有关规范、规程规定的作用效应组合外，应按式（6.5.3-1）和式（6.5.3-2）的要求增加考虑以竖向地震为主的地震作用效应组合及以风荷载为主的地震作用效应组合：

$$1.3S_{GE}+1.4S_{Evk}+0.5S_{Ehk}+1.5\times0.2S_{wk}\leqslant R/\gamma_{RE} \quad (6.5.3\text{-}1)$$

$$1.3S_{GE}+0.2(1.4S_{Evk}+0.5S_{Ehk})+1.5S_{wk}\leqslant R/\gamma_{RE} \quad (6.5.3\text{-}2)$$

6.5.4 屋盖结构的计算模型应考虑屋盖结构与下部支承结构的协同作用。屋盖结构与下部支承结构主要连接部位的约束条件、构造应与计算模型相符。弦支及张拉索结构的计算模型，宜考虑几何刚度的影响。

6.5.5 进行整体结构计算分析时，应考虑支承结构与屋盖结构不同阻尼比的影响，可采用综合阻尼比或区分结构类别的分类阻尼比。若各支承结构单元动力特性不同且彼此连接薄弱，应采用整体模型与分开单独模型进行静载、地震、风和温度作用下各部位相互影响的计算分析比较，取二者中的不利情况设计。拆分计算时，各部分的边界条件应符合实际受力情况。支座采用隔震或滑移减震等技术时，应另外进行可行性论证。

6.5.6 总长度大于300 m的超长结构应按现行国家标准《建筑抗震设计规范》（GB 50011）的要求考虑行波效应的多点地震输入分析。

6.5.7 对于跨度大于150 m的超大跨度或特别复杂的结构，应进行罕遇地震下同时考虑几何和材料非线性的弹塑性分析。

6.5.8 对于空间传力体系，应至少取两个主轴方向同时计算水平地震作用。对于有两个以上主轴或质量、刚度明显不对称的屋盖结构，应增加水平地震作用的计算方向。

6.5.9 对单层网壳、厚度小于跨度1/50的双层网壳、拱（实腹式或格构式）、钢筋混凝土薄壳，应进行整体稳定验算；应合理选取结构的初始几何缺陷，并考虑几何非线性或同时考虑几何和材料非线性的情况，进行全过程整体稳定分析。钢筋混凝土薄壳尚应同时考虑混凝土的收缩和徐变对稳定性的影响。

6.5.10 屋盖和支承结构或上、下层的分缝位置不同时，应进行地震、风荷载和温度作用下各部分相互影响的计算分析。

6.5.11 对索结构、整体张拉式膜结构、悬挑结构、跨度大于120 m的空间网格结构、跨度大于60 m的钢筋混凝土薄壳结构，应严格控制屋盖在静载和风、雪荷载共同作用下的应力和变形。

7 结构抗震加强措施

7.1 一般要求

7.1.1 构件的抗震等级宜综合考虑构件在体系中发挥作用的重要程度后确定,关键构件的抗震等级应不低于普通构件,竖向构件的抗震等级应不低于水平构件,斜撑、环带桁架与伸臂桁架的抗震等级可略低于柱子,但环带桁架兼作转换桁架时不宜降低抗震等级。

7.1.2 可采用隔震和消能减震技术措施,并进行多方案对比,以取得较好的社会及经济效益。

7.1.3 楼面梁不宜搁置在连梁上,如无法避免时,楼面梁与连梁可采用铰接连接,并应对连梁进行加强。

7.1.4 重要部位或配筋较大的连梁可设置钢筋斜撑或交叉斜向钢筋,或采用型钢(钢板)混凝土连梁、双连梁、钢连梁、黏弹性连梁(VCD)、可屈服连梁等。

7.1.5 当屋面存在较高的构架时,应加强构架与屋面结构的连接,宜加强顶部 2 ~ 3 层与构架连接的竖向构件的承载力及延性,适当提高配筋。

7.1.6 对重要的超高层建筑宜进行施工阶段及使用阶段的健康监测,监测地震、风荷载、位移、加速度、温度及重要构件的应力、标高和倾斜度等。

7.1.7 连廊与主体连接可采用滑动支座、隔震支座连接或与主体结构设缝断开,当连廊与主体连接采用滑动支座、隔震支座时,支座尺寸应能满足两个方向在罕遇地震作用下的位移要求,并宜采取必要的防坠落措施;当连廊与主体结构设缝断开时,缝宽宜满足设防烈度地震下结构的变形要求。

7.1.8 建筑底部挑空形成穿层柱时，宜根据挑空范围的比例，按照全部挑空及局部挑空的模型对挑空柱子的承载力进行验算，形成穿层墙时应验算剪力墙的稳定性，还应对挑空上层的楼板刚度及配筋进行加强。

7.2 高度超限结构的抗震加强措施

7.2.1 宜采用减轻整体结构重量且抗震性能良好的钢－混凝土混合结构体系及组合构件，竖向构件可采用高强材料，柱子及剪力墙可采用组合构件，楼板可采用钢－混凝土组合楼板，楼面可采用轻质混凝土，隔墙可采用轻质隔墙。

条文说明：组合剪力墙可采用强度等级为 C70 的混凝土，组合柱可采用强度等级为 C80 的混凝土，8 度设防时组合柱的轴压比限值可略降低。

7.2.2 柱子可采用型钢混凝土柱、钢管混凝土柱、叠合钢管柱或钢筋芯柱等，并验算中震或大震下外周柱子的受拉及受压承载力。剪力墙可采用型钢混凝土剪力墙、钢板混凝土剪力墙或带钢斜撑混凝土剪力墙等。

7.2.3 应采取措施保证混凝土核心筒的承载力及延性，控制核心筒墙体的剪应力、轴压比水平，具体如下：

1. 应保证混凝土核心筒体角部的完整性，芯筒角部处宜设置型钢或钢管，核心筒有大开口时，洞边也宜设置型钢。控制大震下核心筒角部钢筋的拉应变不大于钢筋屈服应变的 8 倍。

2. 规范规定需设置剪力墙约束边缘构件的范围宜沿竖向延伸至轴压比小于 0.25 的部位（二级抗震等级可延伸至轴压比小于 0.3 的部位）。

3. 应控制小墙肢的轴压比，验算独立墙肢的稳定性，并按照柱子的构造要求进行配筋。

4. 楼面大梁搁置在核心筒较薄墙体上时，墙中可设置暗柱，必要时在楼层标高处墙中设置暗梁。

5. 对剪力墙筒体外周加强部位可采用钢板混凝土剪力墙、型钢混凝土剪力墙或在墙中设置交叉斜向钢筋或(钢板)暗撑。

7.2.4 高度超过 B 级的超高层结构宜考虑竖向地震作用。

7.2.5 对于框架－核心筒结构宜进行考虑施工模拟的框架与核心筒竖向变形差异的分析,并应采取措施减少施工阶段竖向构件的变形差异。

7.2.6 应验算柱子和剪力墙在水平荷载作用下是否出现受拉。中震时出现小偏心受拉的混凝土构件应采用现行行业标准《高层建筑混凝土结构技术规程》(JGJ 3)中规定的特一级构造,拉应力超过时宜设置型钢承担拉力;双向水平地震下墙肢全截面由轴向力产生的平均拉应力不宜超过两倍混凝土抗拉强度标准值 f_{tk}(可按弹性模量折算考虑型钢的作用,全截面含钢率超过 2.5% 时可按照每增加 1% 的型钢含钢率,拉应力限值增加 0.8 f_{tk} 的比例适当放松),并宜采取合适的抗拉及抗剪措施(包括基础设计)。

7.2.7 应控制建筑物周边桩的桩身,以尽量不出现拉力或超过桩在竖向力偏心作用时的承载力。当无法避免而部分桩出现拉力时,应按抗拔桩进行设计,并考虑反复荷载的不利作用,加强桩身与承台之间的连接。

7.2.8 应验算结构顶部风荷载作用下的舒适度,并决定是否采用 TMD/TLD 等减振措施。

7.3 平面不规则结构的抗震加强措施

7.3.1 平面存在较大缺口时,缺口部位宜加设拉梁(板),且这些周边拉结(梁)板宜按照受拉构件要求进行设计。

7.3.2 主楼与裙房在地面以上宜设置防震缝,如无法设缝,需进行细化分析,满足扭转位移比等指标要求。

7.3.3 对于平面中各部分连接较弱的,应考虑连接部位各构件的实际构造和可靠程度,必要时可取结构整体模型和分开模型计算的不利情况,连接部位的性能目标宜适当提高。连接部位楼板宜适当加厚并采用双层配筋,连接部位梁的配筋也宜相应加强。

7.3.4 应注意加强楼板的整体性,避免楼板的削弱部位在大震下受剪破坏。当楼板开洞较大时,宜进行截面受剪承载力验算。当较多楼层开洞较多,而楼板不足以协调各部分侧向受力时,应对各部分结构单独进行抗震验算。

7.3.5 应根据平面不规则的程度,对外周扭转较大部位的构件(柱及剪力墙)的箍筋或水平钢筋进行加强。

7.3.6 应加强外围构件的刚度,避免过大的转角窗和不必要的结构开洞。

7.3.7 采用核心筒偏置布置平面时,应加强偏置另一侧的结构刚度,减少扭转,并验算核心筒在侧向荷载作用下可能产生的拉应力。

7.3.8 宜控制结构平面布置的长宽比,尽可能避免较窄长的板式平面。无法避免时,宜进行楼板应力分析并根据楼板应力分布采取加强措施。

7.3.9 应验算各主要控制点的沉降量,采取措施严格控制建筑物的绝对沉降和不均匀沉降,如调整桩长和桩位布置、加强筏板基础的整体性和整体结构刚度等。

7.4 竖向不规则结构的抗震加强措施

7.4.1 对于立面体型收进或刚度变化较大的结构应采取如下措施:

1. 体型收进处宜采取措施减小结构刚度的变化,上部收进结构的收进首层层间位移角不宜大于相邻下部区段所有楼层最大层间位移角的 1.15 倍。

2. 体型收进部位上、下各两层塔楼周边竖向结构构件的抗震等级宜提高一级,一级应提高至特一级,抗震等级已经为特一级时可不再提高。

3. 结构偏心收进时,应加强收进部位以下两层结构周边竖向构件的配筋构造措施。

4. 竖向体型突变部位的楼板宜加强，楼板厚度不宜小于150 mm，且宜双层双向配筋，每层各方向钢筋网的配筋率不宜小于0.25%。体型突变部位上、下层结构的楼板也应加强构造措施。

5. 柱子沿竖向有转折时，转折处应设置可靠的水平拉结梁，必要时楼面可设置面内水平支撑，同时楼面配筋也应作适当的加强。

6. 立面设有支撑时，支撑宜延伸至地下室底板，无法延伸至底板时，地下部分宜设置剪力墙或拉结构件抵抗支撑传来的水平力。

7. 建筑形体倾斜或核心筒偏置较大时，宜进行长期作用（考虑徐变收缩影响）下的竖向变形验算，并根据验算结果确定是否采取加大电梯井尺寸、核心筒预变形、调整构件轴压比、受拉混凝土构件施加预应力等措施。

8. 核心筒不对称或单边内收时，内收层及相邻楼层的水平构件和楼板的刚度及配筋宜进行适当加强。

7.4.2 对于悬挑结构，尚应符合下列要求：

1. 应采取措施降低悬挑部位结构的自重。

2. 悬挑部位结构宜采用冗余度较高的结构形式。

3. 在结构内力和位移计算中，悬挑部位的楼层应考虑楼板平面内的变形，结构分析模型应能反映水平地震对悬挑部位可能产生的竖向振动效应。

4. 悬挑长度大于4 m时宜考虑竖向地震作用的影响。

5. 对悬挑长度大于4 m的悬挑结构进行抗震设计时，悬挑结构的关键构件（包括悬挑梁或悬挑桁架）以及与之相邻的主体结构关键构件（悬挑结构本层及相邻上下层的支承柱及本层与悬挑结构相连的不少于一跨的楼面梁）的抗震等级应提高一级，一级应提高至特一级，已为特一级时可不再提高。

6. 在罕遇地震作用时，悬挑结构关键构件的正截面承载力应符合式（7.4.2-1）和式（7.4.2-2）的要求：

$$S_{GE}+S^{*}_{Ehk}+0.4S^{*}_{Evk}\leqslant R_{k} \quad (7.4.2\text{-}1)$$

$$S_{GE}+0.4S^{*}_{Ehk}+S^{*}_{Evk}\leqslant R_{k} \quad (7.4.2\text{-}2)$$

式中 R_k——截面承载力标准值，按材料强度标准值计算；

S^{*}_{Ehk}——水平地震作用标准值的构件内力，不需要考虑与抗震等级有关的增大系数；

S^{*}_{Evk}——竖向地震作用标准值的构件内力，不需要考虑与抗震等级有关的增大系数。

受剪承载力应符合式（7.4.2-3）的要求：

$$\gamma_{G}S_{GE}+\gamma_{Eh}S^{*}_{Ehk}+\gamma_{Ev}S^{*}_{Evk}\leqslant R/\gamma_{RE} \quad (7.4.2\text{-}3)$$

7.4.3 对于带加强层的结构，应采取如下措施：

1. 应将加强层布置在较优位置，宜综合考虑建筑、设备的功能要求，并进行结构敏感性分析。

2. 加强层桁架宜采用钢构件，伸臂桁架应伸入并贯通墙体，与外周墙相交处宜设构造钢柱，并上下延伸不少于一层。

3. 伸臂桁架所在层及相邻层柱子、核心筒墙体、楼板应加强配筋，加强层及附近的核心筒墙肢宜按底部加强部位要求设计，如当伸臂桁架层墙体开洞较多不足以承担水平剪力时，核心筒墙体中也可考虑设置钢板（外包钢板）进行加强。

4. 抗震设计时，加强层及其相邻层的框架柱、核心筒剪力墙的抗震等级应提高一级，一级应提高至特一级，已为特一级时可不再提高。加强层及其相邻层的框架柱，应全柱段加密箍筋，轴压比限值应按其他楼层的数值减小 0.05 采用。加强层及其相邻层核心筒剪力墙应设置约束边缘构件。

5. 应采用合适的施工顺序及构造措施以减小结构竖向变形差异在伸臂桁架中产生的附加内力。在条件许可时，可采用加强层伸臂桁架腹杆后装的方式，待主体结构施工大部分完成后进行封闭，以消除施工阶段重力荷载作用下竖向构件变形差异对加强层外伸臂桁架受力的影响。对施工过程宜进行模拟分析，保证施工过程结构安全。

6. 进行整体小震计算时，可考虑楼板对上下弦刚度的增大作用，但在进行中震或大震承载力验算时则不宜考虑。在进行外伸臂桁架上下弦杆设计时，不宜计入楼板刚度的有利影响。

7. 加强层区间楼板宜适当加厚，楼板厚度不宜小于 150 mm，兼作为设备层时，楼板厚度不宜小于 200 mm。混凝土强度等级不宜低于 C30，并采用双层双向配筋，每层各方向贯通钢筋配筋率不宜小于 0.25%，且需在楼板边缘、孔道边缘结合边梁予以加强。

7.4.4 对于多塔结构，应采取如下措施：

1. 各塔楼的层数、平面和刚度宜接近；塔楼对底盘宜对称布置。上部塔楼结构的综合质心与底盘结构质心的距离不宜大于底盘相应边长的 20%；转换层不宜设置在底盘屋面的上层塔楼内。

2. 底盘屋面板厚度不宜小于 180 mm，并应加强配筋（配筋增加 10% 以上），并采用双层双向配筋。底盘屋面下一层结构楼板也应加强构造措施（配筋增加 10% 以上，厚度按常规设计）。

3. 多塔楼之间裙房连接体的屋面梁以及塔楼中与裙房连接体相连的外围柱、剪力墙，从地下室顶板起至裙房屋面上一层的高度范围内，柱的纵向钢筋的最小配筋率宜提高 10% 以上，柱箍筋宜在裙房楼屋面上、下层的范围内全高加密。

4. 裙房中的剪力墙宜设置约束边缘构件。

7.4.5 对于带强（弱）连接的连体结构，应采取如下措施：

1. 连体结构各独立部分宜有相同或相近的体型、平面布置和刚度，7 度或 8 度抗震设计时，层数和刚度相差悬殊的建筑不宜采用强连接的连体结构。

2. 连体结构应优先采用钢结构，尽量减轻结构自重；当连接体包含多个楼层时，最下面一层及最上面一层宜设置平面内支撑或采用楼板底面设置钢板的方式进行加强。

3. 抗震设计时,连接体及与连接体相连的结构构件在连接体高度范围及其上、下层,抗震等级应提高一级,一级提高至特一级,已为特一级时可不再提高;与连接体相连的框架柱在连接体高度范围及其上、下层,箍筋应全柱段加密,轴压比限值应按其他楼层框架柱的数值减小 0.05 采用;与连接体相连的剪力墙在连接体高度范围及其上、下层,应设置约束边缘构件。

4. 连接体结构与主体结构采用强连接时,连接体结构的主要结构构件应至少伸入主体结构一跨并可靠连接,必要时可延伸至主体部分的内筒,并与内筒可靠连接。当连接体结构与主体结构采用滑动连接时,支座滑移量应能满足两个方向在罕遇地震作用下的位移要求,并应采取防坠落、撞击措施。计算罕遇地震作用下的位移时,宜采用时程分析方法进行计算复核。

5. 连接体结构可采用钢梁、钢桁架、型钢混凝土梁等形式,钢梁或钢桁架弦杆应伸入主体结构至少一跨并可靠锚固。连接体结构的边梁截面宜加大;楼板厚度不宜小于 150 mm,宜采用双层双向钢筋网,每层各方向钢筋网的配筋率不宜小于 0.25%。

6. 连接体两端与主体结构的连接也可采用隔震支座,必要时也可设置阻尼器,应保证连接体与主体结构的间隙,满足大震作用下的位移要求;各方向支座的变形能力也应符合大震下的位移要求,支座应能抵抗连接体在大震下可能出现的拉力。

7. 对于连体和连廊本身,应注意竖向地震的放大效应,确保使用功能和大震安全。刚性连接时,应注意复核在两个水平方向(高烈度的尚应包含竖向方向,即三个方向)的中震作用下被连接结构远端的扭转效应,提高承载力和变形能力。支座部位构件的承载力复核,水平向应延伸一跨,竖向宜向下延伸不少于两层。滑动连接时,除了按三向大震留有足够的滑移量外,也应适当加强支座。必要时可设置阻尼器以控制连接体的位移。

8. 连体结构的连接体宜按中震弹性进行设计。

7.4.6 对于带转换层的结构，应采取如下措施：

1. 布置转换层上下主体结构时，应选择合适的转换方式，尽量避免多级复杂转换，优先采用梁式、斜撑或箱型转换，7、8度抗震设计时仅地下室的转换结构构件可采用厚板。

2. 转换层上、下结构侧向刚度应满足现行行业标准《高层建筑混凝土结构技术规程》（JGJ 3）附录E的要求。

3. 剪力墙底部加强部位的高度应从地下室顶板算起，宜取框支层以上两层且不小于墙肢总高度的1/10。

4. 结构的抗震等级应符合JGJ 3第3.9节的有关规定。带托柱转换层的筒体结构，其转换梁和转换柱的抗震等级应按部分框支剪力墙结构中的框支框架采用。对部分框支剪力墙结构，当转换层的位置设置在三层及三层以上时，其框支柱、剪力墙底部加强部位的抗震等级宜按JGJ 3表3.9.3和表3.9.4的规定提高一级采用，已为特一级时可不再提高。特一、一、二级转换构件的水平地震作用计算内力应分别乘以增大系数1.90、1.60、1.30；转换结构构件应考虑竖向地震，竖向地震作用按JGJ 3第4.3.2条计算。

5. 转换梁、转换柱、落地剪力墙和非落地剪力墙等构件的设计应符合JGJ 3的要求，框支柱宜采用性能较好的型钢混凝土柱、钢管混凝土柱或叠合钢管混凝土柱。

6. 框支梁应进行考虑施工工况的模拟，应对承托剪力墙的框支梁进行应力分析，并依据应力分析结果复核其配筋。

7. 在部分框支剪力墙结构中，落地剪力墙厚度应加厚，其开洞位置、落地剪力墙间距应满足JGJ 3的相关要求。落地剪力墙承担的地震倾覆力矩应大于结构总地震倾覆力矩的50%。

8. 在部分框支剪力墙结构中，特一、一、二、三级落地剪力墙底部加强部位的弯矩设计值应按墙底截面有地震作用组合的弯矩值分别乘以增大系数1.8、1.5、1.3、1.1采用；其剪力设计值应按JGJ 3第3.10.5条和第7.2.6条的规定进行调整。落地剪力墙墙肢不宜出现偏心受拉。

9. 转换层楼板厚度不宜小于 180 mm,应双层双向配筋,每层各方向的配筋率不小于 0.25%,落地剪力墙和筒体周围楼板不宜开洞,相邻转换层上部 1 ~ 2 层楼板厚度不宜小于 120 mm,且须在楼板边缘、孔道边缘结合边梁予以加强。

10. 应尽可能减少次梁转换和无上部墙体的“秃头”框支柱,或严格控制所占的比例,并采取针对性的加强措施。

7.4.7 对于错层结构,应采取如下措施:

1. 错层两侧宜采用结构布置和侧向刚度相近的结构体系。

2. 错层处框架柱的截面高度不应小于 600 mm;混凝土强度等级不应低于 C30;箍筋应全柱段加密;抗震等级应提高一级采用,一级应提高至特一级,已为特一级时可不再提高。

3. 在设防烈度地震作用下,错层处框架柱的正截面承载力应符合本《指南》式(7.4.2-1)的要求,受剪承载力宜符合式(7.4.2-3)的要求。

4. 错层处平面外受力的剪力墙的截面厚度不应小于 250 mm,并均应设置与之垂直的墙肢或扶壁柱;其抗震等级应提高一级采用。错层处剪力墙的混凝土强度等级不应低于 C30,水平和竖向分布钢筋的配筋率均不应小于 0.5%。

7.5 屋盖超限结构的抗震加强措施

7.5.1 应明确屋盖结构的竖向及水平传力路径和主要传力结构杆件,轻型屋面结构宜设置必要的支撑系统,并检查屋面结构刚度和承载力及支座分布的连续性和均匀性。

7.5.2 应对关键杆件的长细比、应力比和整体稳定性控制等提出比现行规范、规程的规定更严格的且更具针对性的具体措施或预期性能目标;当屋盖形式特别复杂时,应提供达到预期性能目标的充分依据。对于受力复杂及可能出现的薄弱部位应采取措施提高承载力。

7.5.3 在罕遇地震下特殊连接构造应安全可靠,应对复杂节点进行详细的有限元分析,必要时应进行试验验证。

7.5.4 对某些复杂结构形式,应考虑个别关键构件失效导致屋盖整体连续倒塌的可能,并给出安全措施。

7.5.5 应严格控制屋盖结构支座由于地基不均匀沉降和下部支承结构变形(含竖向、水平和收缩徐变等)导致的差异沉降。

7.5.6 应确保下部支承结构关键构件的抗震安全,支承结构关键构件不应先于屋盖破坏;当其不规则性属于超限专项审查范围时,其设计应符合本《指南》的有关要求。

7.5.7 应采取措施使屋盖支座的承载力和构造在罕遇地震下安全可靠,确保屋盖结构的地震作用直接、可靠传递到下部支承结构。当采用叠层橡胶隔震垫作为支座时,应考虑支座的实际刚度与阻尼比,并且应保证支座本身与连接在大震下的承载力与位移满足要求。

7.5.8 对支座水平作用力较大的结构,应考虑基础抵抗水平力的设计。

7.5.9 采用水平可滑动支座时,应保证屋盖在罕遇地震下的滑移不超出支承面,并应采取限位措施。

8　结构隔震和消能减震设计

8.1　一般要求

8.1.1　采用隔震、消能减震技术的高层建筑结构抗震设计除了应满足本章要求外，尚应遵循现行上海市工程建设规范《建筑消能减震及隔震技术标准》（DG/TJ 08—2326）的相关要求。

8.1.2　采用隔震、消能减震技术的高层建筑结构抗震设计一般应采用基于性能的设计方法，且其性能目标宜高于非隔震、非消能减震结构。

8.1.3　宜使用与设计反应谱调幅适配过的地震记录，输入时程速度及位移时程应进行基线漂移校正。

条文说明：一般通过时程分析法获得减震、隔震工程中的减隔震装置的减震效果评价，而隔震层的支座水平变形刚度和消能支撑等效刚度在地震过程中是变化的，这就导致输入时程频谱特性极为重要，不同的时程输入可能出现相差很大的减震效果计算值，故简单地用几个主要周期点的加速度反应谱误差控制标准来选择减隔震结构的输入时程是不合适的，对输入时程还应进行基线校正。

8.1.4　宜采用逐步直接积分法对采用隔震或消能减震技术的高层建筑的减震效果进行计算分析。

条文说明：目前商业软件中求解结构线弹性、减隔震器非线性的地震响应时程计算，主要是逐步直接积分法（STEP BY STEP）和快速非线性动力分析法（FNA），鉴于后者的精度取决于连接单元（LINK）等效刚度取值和 RITZ 向量的个数，往往导致减震效果计算因人而异，相差很大。同时对复杂结构还容易出现 RITZ 向量漏失，故对超限复杂结构推荐使用合理取值瑞利阻尼下的逐步直接积分法，且阻尼系数对应的频率区间应该包含结构振动主要贡献频率，避免频率区间外振型阻尼比放大效应导致减震效果被高估。

8.1.5 单个项目中使用减震、隔震器力学参数种类不宜分得过细，拟归类取整。

8.1.6 高层建筑隔震、减震中使用的各类消能器质量检验应符合现行上海市工程建设规范《建筑消能减震及隔震技术标准》（DG/TJ 08—2326）第5章的相关要求。隔震支座、消能器力学分析模型应与实际产品的检测试验曲线一致。

条文说明：当有新的阻尼器通用技术国家标准颁布时，应以国家标准要求为准。超限高层建筑中的金属屈服型消能器、BRB往往屈服力都比较大，尤其应关注其延性和耐疲劳性能，设计文本中应有明确要求。当BRB无相应检测设备检测其力学性能，或BRB作为消能构件使用时，不应计入它们的附加阻尼比效应。支座和消能器滞回分析模型与实际使用产品的检测试验曲线偏差较大时，应重新按实测滞回模型复算减震、隔震效果。

8.2 结构隔震设计

8.2.1 隔震层宜设置在基础底面、地下室顶面或水平刚度较大的平台层上。

8.2.2 应根据减震效果需求选择普通橡胶支座、铅芯橡胶支座、弹性滑板支座、摩擦摆支座，或由以上支座组合而成的复合支座系统，并进行隔震支座的布置。

8.2.3 高层建筑隔震工程中使用的叠层橡胶支座质量检验应执行现行国家标准《橡胶支座 第3部分：建筑隔震橡胶支座》（GB 20688.3）的相关规定，弹性滑板支座质量检验应执行现行国家标准《橡胶支座 第5部分：建筑隔震弹性滑板支座》（GB 20688.5）的相关规定，摩擦摆支座性能质量和力学参数应根据实际试验结果确定。

8.2.4 对于罕遇地震作用下计算结果表明可能出现拉力的支座应有防拉措施。

8.2.5 应通过隔震层支座水平刚度的合理布置消除隔震层上部结构的偏心和扭转反应。

8.2.6 隔震层上部结构的抗震设计可以考虑隔震措施产生的构件内力降低效果,但不宜降低构件的抗震等级。

条文说明:鉴于上海地区抗震设防烈度不高,场地较软弱,高层建筑隔震效果有限,当高层建筑设防烈度取值不高于7度时,隔震建筑隔震层上部结构的抗震等级按非隔震结构取值。当高层建筑设防烈度取值高于7度且隔震层上部各层多条地震波时程激励下减震系数平均值的最大值小于0.4时,上部结构的抗震等级可按7度设防要求确定。

8.2.7 对隔震层下部结构进行抗震强度验算时,地震作用效应应采用按实际隔震模型在罕遇地震7组地震波时程激励下得到的平均内力。

8.2.8 高层建筑隔震沟宽度不宜小于400 mm。当罕遇地震作用下隔震层位移计算平均值大于100 mm时,宜设置黏滞消能器或采取其他减小隔震层位移的有效措施。

8.2.9 基本设防烈度多条地震波作用下隔震层上部结构层间位移角时程反应计算平均值不宜大于1/400。

8.2.10 应进行隔震高层建筑的风振时程分析,给出隔震高层风振舒适度评估指标。

8.2.11 高层建筑隔震分析也可以采用现行国家标准《建筑隔震设计标准》(GB/T 51408)中的相关方法。

8.3 结构消能减震设计

8.3.1 高层建筑中消能支撑的位置选择,应考虑结构整体弯曲效应造成的消能器实际相对位移(速度)的减小。

8.3.2 当高层建筑因减轻风振或人致振动需要设置TMD装置

时,应充分评估该类装置在罕遇地震作用下对主体结构带来的不利影响,且应采取有效措施消除该不利影响。

8.3.3 当采用附加有效阻尼比评估消能支撑对高层建筑的减震效果时,宜采用累积能量比方法评估设防地震下的附加有效阻尼比计算值。

8.3.4 高层建筑中消能支撑的布置应满足消能器的失效不会引起高层建筑发生连续性倒塌的要求。

8.3.5 用于减轻风振响应的黏滞消能器的力学性能,第三方抽检试验除了应满足本《指南》第 8.1.4 条规定外,应对地震疲劳试验试件进行含有最大估计风速时消能器可能出现的最大行程下的抗风疲劳试验,且加载循环次数不应少于 10000 次,加载频率可取结构固有周期;抗风疲劳试验应在抗震疲劳试验之前进行。

8.3.6 设计风载下金属消能器相对变形不得超过其初始屈服位移,摩擦消能器不滑动。消能器的表面耐腐蚀要求应高于主体钢结构。

9 地基基础的设计要求

9.1 高度超限时的要求

9.1.1 正常使用极限状态下，应控制建筑物周边桩的桩身不出现拉力。当在8度罕遇地震或其他侧向力最不利组合情况下部分桩出现拉力时，应复核桩基抗拔承载力，并按受拉钢筋的要求考虑桩身主筋锚入承台的长度。

9.1.2 按正常使用极限状态验算桩基水平受力时，桩身最大应力应控制在弹性极限范围内，水平受力不应超过单桩水平承载力设计值。抗震设防烈度为8度时，承台与桩连接处可能出现塑性铰，应在承台以下5倍桩径的桩身段加强箍筋配置。

9.2 规则性超限时的要求

9.2.1 平面不规则或平面尺寸过长的结构，对地基不均匀沉降非常敏感，设计时应验算各主要控制点的沉降量，严格控制建筑物的绝对沉降，避免过大的差异沉降，减少沉降对上部结构的影响。控制沉降量与差异沉降的具体措施包括：合理控制基础底板的厚度、强度和配筋，调整桩长和桩位布置，加强筏板基础的整体性和整体刚度，采用设置后浇带等施工措施。

9.2.2 竖向不规则的结构或建筑物高差较大的结构，对地基的不均匀沉降很敏感，设计中应采取本《指南》第9.2.1条的措施以减少地基不均匀沉降对上部结构的影响。

9.2.3 沉降量和差异沉降量应符合现行国家标准《建筑地基基础设计规范》(GB 50007)的相关要求。对于超限高层结构的桩基础，其最大沉降量不宜超过150 mm，整体倾斜不宜超过0.002。

条文说明：根据上海恒隆大厦、上海金茂大厦、上海环球金融中心、上海中心等的沉降实测资料,并根据现场实测进行推算,上海地区超高层建筑最终沉降不超过 150 mm,整体倾斜都满足现行国家标准的限值 0.002。本条参考了“上海环球金融中心 -101 层桩筏基础现场测试综合研究”的现场测试数据。

9.3 有液化土层和软弱土层时的抗震措施

9.3.1 应根据建筑物的抗震设防类别、地基的液化等级以及场地液化效应等,结合具体情况采取部分或全部消除地基液化沉陷的措施。液化判别方法、消除液化措施和范围应符合现行国家标准《建筑抗震设计规范》(GB 50011)的相关要求。

条文说明:现行国家标准《建筑抗震设计规范》(GB 50011)调整了场地土液化判别的深度范围和判别公式,并增补了软弱黏性土层的震陷判别方法及相应的处理对策,本条参照了该标准的相关要求。

9.3.2 当桩身穿越液化土层时,桩基水平受力分析应考虑上部结构传递的惯性力(水平力与弯矩)作用,同时宜计入桩周土水平自由场变形的作用效应。

条文说明:本条参照了欧洲规范 Eurocode 8 和美国太平洋地震工程研究中心(PEER)推荐的桩基规范。水平自由场变形是指无结构物时地震所诱发的地层水平变形。考虑水平自由场变形作用效应时,可将地基水平作用视为水平向文克勒弹簧(p–y 曲线法),在弹簧端部施加水平自由场位移。水平自由场水平变形随深度分布模式可假设为折线型分布,即在非液化土层(上层)均匀分布,液化土层顶面自由场水平位移值与非液化土层相同,但随深度线性衰减,至液化土层底面为零。这一方法与美国 PEERS—2011 桩基抗震规范推荐的分析方法一致。

日本规范 JRA(2012)采用另一种方法考虑桩周土水平自由场变形的作用效应,即将桩周土作用等效为极限被动土压力。考虑到地震作用时可液化土层作用于桩身的极限被动土压力值不能被准确估算，故本条文不建议采用该方法。

9.3.3 液化土对桩水平抗力与桩周摩阻力均应乘以相应土层的折减系数，以考虑液化土层对桩身承载力的不利影响，并应加强桩身与承台板之间的连接。当桩底有液化土层时，桩端进入非液化层深度不宜小于5倍桩径。

条文说明：不能合理估算液化土层桩周摩阻力的折减，则应忽略液化土产生的桩水平抗力与桩周摩阻力。桩端进入非液化层可有效增强穿越液化层的桩基抗弯性能，也可改善液化层桩身段抗屈曲破坏的性能。

9.3.4 地震时非液化土层与液化土层界面处剪切模量比值变大，界面处桩身可能形成塑性铰，应在两土层界面处上、下不小于2倍桩径的桩身段加强箍筋配置。

条文说明：本条依据欧洲规范 Eurocode 8 的相关要求。对于预制空心桩，该桩身段尚宜采用灌芯处理措施。

9.3.5 当上部结构中设有沉降缝（兼防震缝）时，缝宽应符合防震缝的要求，当有较厚的严重液化土层时，缝宽宜适当加大。

9.3.6 抗震设防类别为甲、乙类的高层建筑的地下或半地下结构，当基础底面位于或穿过可液化土层时，宜在抗震设计中考虑土层中孔隙水压力上升的不利影响。

9.4 桩－土－结构相互作用计算分析

9.4.1 进行超限高层建筑的桩基设计时，依据上部结构和场地条件，宜按地基基础与上部结构共同作用的原理分析计算。

条文说明：共同作用分析可参照相关的现行规范执行。

10　结构试验的基本要求

10.1　一般规定

10.1.1　采取结构试验方法进行结构抗震、抗风研究的工程，应有完善的试验方案。

10.1.2　对采用新型结构体系或消能减震新技术、新措施的结构构件进行试验时，宜协调抗震和抗风性能要求，必要时宜进行专项论证。

10.1.3　试验数据和研究成果应有明确的适用范围和结论，明确试验模型与实际结构工程的相符程度以及试验结果可利用的部分。

10.2　结构抗震试验

10.2.1　对于采用可能影响主体结构抗震性能的新材料或新技术的高层建筑工程、采用未列入国家和地方技术标准的结构类型的高层建筑工程、高度超高很多的高层建筑工程、或结构体系特别复杂和结构类型（含屋盖形式）特殊的高层建筑工程，当设计依据不足时，应选择整体结构模型（金属结构、微粒混凝土结构模型缩尺比例不宜小于 1/50），结构构件或节点模型（缩尺比例不宜小于 1/5），进行必要的抗震性能试验研究（包括实际结构的动力特性测试）。进行整体结构模型试验时，模型设计、模型施工、试验加载等应按相似关系要求进行，模型试验宜与理论分析相结合。

10.2.2　对于需进行结构模型抗震试验的高层建筑工程，在进行抗震试验前应进行详细的计算分析，在所有的计算指标满足现有技术标准或专家组评审意见之后，方可进行结构试验以检验结构的抗震能力或找出抗震薄弱环节。在试验完成后,还宜根据试验结果建立计算模型,进行弹塑性静力或动力分析。

10.2.3 结构抗震试验应在主体结构施工图设计之前完成,结构抗震试验结果应正确地应用到工程设计中。

10.2.4 对于已经进行了缩尺比例的整体结构模型试验的工程,在该工程建成后应进行实际结构的动力特性测试,竣工验收时要有相应的实际结构动力特性测试报告;条件具备时还可根据建设主管部门的要求设置地震反应观测系统。

10.2.5 对于上述已经进行了缩尺比例的结构构件或节点模型抗震性能试验的工程,条件具备时可于施工阶段在这些构件中设置应变(或应力)测试设备,以跟踪监测,为这些工程的建设方和用户提供施工期间和正常使用状态时的基础信息。

10.3 结构抗风试验

10.3.1 当高层建筑的外形为现行规范未列出的复杂体型时,或高层建筑周边存在较复杂的干扰建筑或者地形地貌时,或高层建筑对风荷载较为敏感时,应通过模型风洞试验确定其风荷载。

10.3.2 超限高层建筑的模型风洞试验宜在结构扩初设计之前完成,试验结果应正确地应用到工程设计中。

10.3.3 超限高层建筑主体结构的风荷载及风致响应,应通过缩尺刚性模型的测压风洞试验或高频天平测力风洞试验结合风振计算确定。有明显气动弹性效应的高层建筑,其主要受力结构的风荷载及风致响应宜结合缩尺气动弹性模型的风洞试验确定。高层建筑围护结构及其他局部构件的风荷载,应通过缩尺刚性模型的测压风洞试验确定。

10.3.4 高度大于 400 m 的超高层建筑或者高度大于 200 m 的连体建筑,宜在不同的风洞试验室进行独立对比试验。当对比风洞试验的结果差别较大时,应进行专门论证,确定合理的风荷载取值。

10.3.5 建设场地的基本风速（基本风压）应基于现行国家标准《建筑结构荷载规范》（GB 50009）确定，可进一步结合专门的风气候分析给出更详细的设计风速信息。

10.3.6 建设场地的地貌类型应基于现行国家标准《建筑结构荷载规范》（GB 50009）或专门的地貌分析确定。

10.3.7 当建设场地或其周边存在体量较大的山体或者场地周边地形复杂时，宜通过地形模拟试验确定地形对建设场地设计风速的影响。

10.3.8 超限高层建筑的围护结构或其他局部构件的风荷载，因试验技术问题无法通过模型风洞试验确定时，可考虑借助数值模拟手段确定其风荷载参数。

10.3.9 超限高层建筑的模型风洞试验或数值模拟技术细节应满足现行行业标准《建筑工程风洞试验方法标准》（JGJ/T 338）的相关要求。

附录 A　钢筋混凝土典型构件的荷载–位移恢复力模型

A.0.1　基本原则

构件骨架曲线和恢复力关系可以通过试验数据得到,也可通过低一层次的材料非线性模型经计算得到。构件骨架曲线应该包括单元线性刚度、屈服强度和屈服后的刚度特征,对于竖向构件应该考虑轴向荷载的影响。构件恢复力关系应该考虑强度、刚度的退化以及滞回捏拢效应。

A.0.2　构件骨架曲线

1. 骨架曲线模型

构件骨架曲线可采用三线型模型(图 A.0.2–1)。骨架曲线上的关键点为开裂点 A、屈服点 B 和极限破坏点 C,它们可由截面分析计算得到或根据试验数据得到,也可按以下提供的简化方法进行计算。

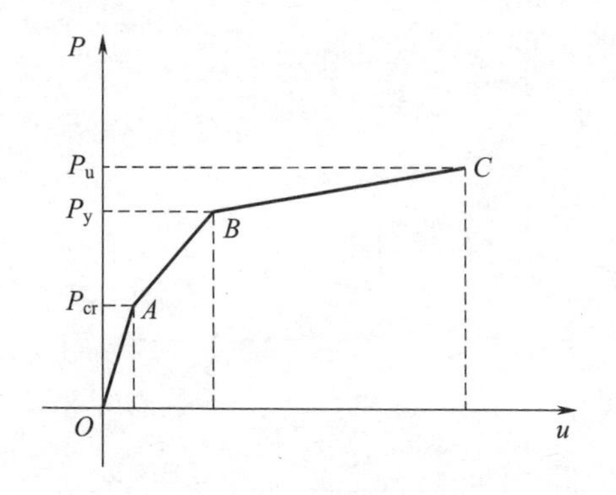

图 A.0.2–1　构件骨架曲线

2. 骨架曲线关键点的简化计算

（1）开裂弯矩 M_{cr} 和曲率 φ_{cr} 可由式（A.0.2-1）和式（A.0.2-2）确定：

$$M_{cr}=\frac{\gamma f_t I_0}{y}+\frac{N I_0}{A_0 y} \tag{A.0.2-1}$$

$$\varphi_{cr}=\frac{M_{cr}}{0.85E_c I_0} \tag{A.0.2-2}$$

式中 f_t——混凝土极限抗拉强度；

A_0——换算截面积；

I_0——换算截面惯性矩；

y——换算截面形心到受拉边缘的距离；

γ——混凝土构件的截面抵抗矩塑性影响系数，按《混凝土结构设计规范》（GB 50010—2010）第 7.2.4 条确定。

（2）屈服弯矩 M_y 和曲率 φ_y。

当受拉钢筋达到屈服时，截面的应力及应变分布如图 A.0.2-2 所示。

此时受拉钢筋的应变为 $\varepsilon_y=f_y/E_s$，设受压区高度为 x，则得：

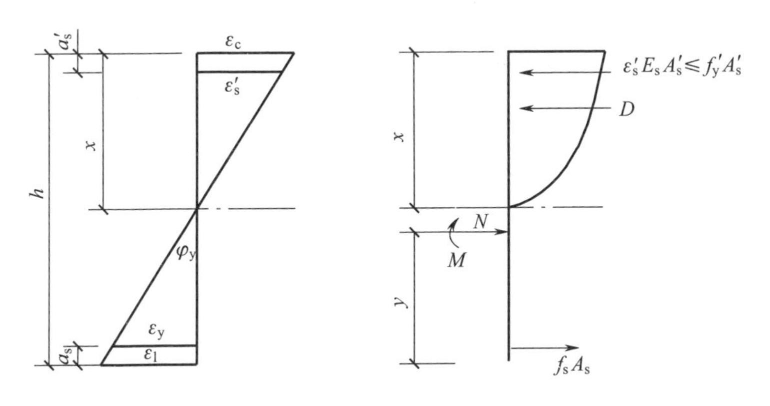

图 A.0.2-2 截面应力、应变分布

$$\varphi_{y}=\frac{\varepsilon_{y}}{h-x-a_{s}} \tag{A.0.2-3}$$

$$\varepsilon_{s}'=\varphi_{y}(x-a'_{s}) \tag{A.0.2-4}$$

$$\varepsilon_{c}=\varphi_{y}x \tag{A.0.2-5}$$

$$D=\int b\sigma_{c}\mathrm{d}x \tag{A.0.2-6}$$

$$N_{s}=D+\varepsilon_{s}'E_{s}A_{s}'-f_{y}A_{s} \tag{A.0.2-7}$$

对中和轴取矩，得：

$$M_{y}=\int b\sigma_{c}x\mathrm{d}x+\varepsilon_{s}'E_{s}A_{s}'(x-a_{s}')+f_{y}A_{s}(h-x-a_{s})+N(h-y-x) \tag{A.0.2-8}$$

根据式（A.0.2-3）—式（A.0.2-8），每给定一个 x 值可得到 M_{y}、φ_{y} 及相应的 N，这样就可以根据不同的轴向荷载 N 确定截面的 M_{y}、φ_{y}。

（3）极限弯矩 M_{u} 和曲率 φ_{u}。

当混凝土受压边缘达到极限压应变 ε_{cu} 时，截面达到破坏状态，截面的应力、应变分布如图 A.0.2-3 所示。混凝土受压应力图形近似地采用矩形，矩形应力图的高度取为 0.85x，矩形应力图的换算应力值 $\sigma_{c}=\alpha_{1}f_{c}$。

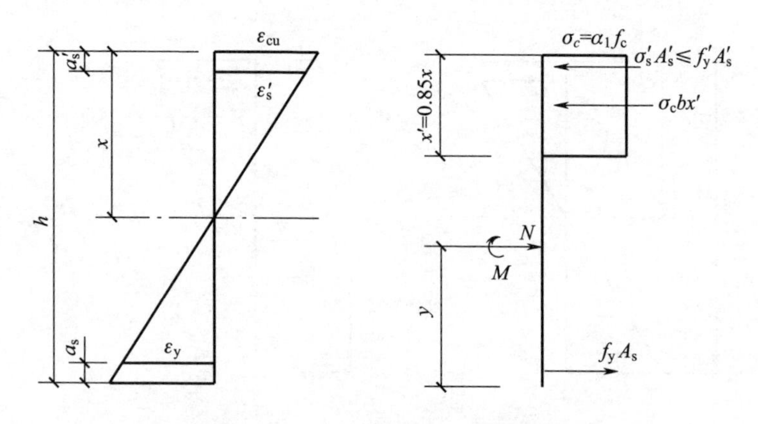

图 A.0.2-3　大偏压截面应力、应变分布

由截面上的平衡及变形条件可得：

$$x'=0.85x \tag{A.0.2-9}$$

$$bx'\sigma_c=f_yA_s-\sigma_s'A_s'+N \tag{A.0.2-10}$$

$$\sigma_s'=\varepsilon_{cu}E_s\frac{x-a_s'}{x} \tag{A.0.2-11}$$

由式（A.0.2-9）—式（A.0.2-11），每给定一个 N 值，便可解得相应的 x 及 σ_s'，进而可求得 φ_u 和 M_u：

$$\varphi_u=\frac{\varepsilon_{cu}}{x} \tag{A.0.2-12}$$

$$M_u=\sigma_c bx'\left(h-\frac{1}{2}x'-a_s\right)+\sigma_s'A_s'(h-a_s-a_s')-N(y-a_s) \tag{A.0.2-13}$$

小偏心受压破坏截面的 M—φ 关系可按式（A.0.2-14）计算：

$$\varphi=\left(\frac{M}{M_u}\right)\varphi_e+\left(\frac{M}{M_u}\right)^5(\varphi_u-\varphi_e) \tag{A.0.2-14}$$

式中 M_u，φ_u——分别为截面破坏时的弯矩和曲率；

φ_e——按截面破坏时的平衡及变形条件求得（图 A.0.2-4）。

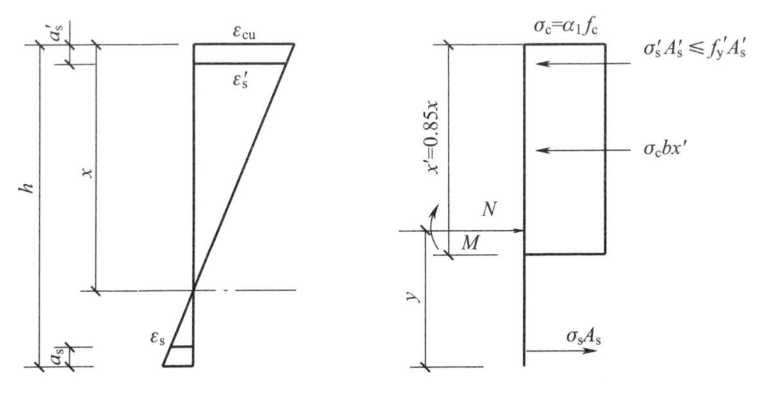

图 A.0.2-4　小偏心受压截面应力、应变分布

$$x'=0.85x \tag{A.0.2-15}$$

$$\sigma_s=\varepsilon_{cu}E_s\left(\frac{h_0}{x}-1\right) \tag{A.0.2-16}$$

$$N=\sigma_c bx'+f'_y A'_s-\sigma_s A_s \tag{A.0.2-17}$$

由式（A.0.2-15）一式（A.0.2-17），给定轴力，便可解得 x，而

$$\varphi_u=\frac{\varepsilon_{cu}}{x} \tag{A.0.2-18}$$

$$M_u=\sigma_c bx'\left(h_0-\frac{x'}{2}\right)+f'_y A'_s(h_0-a'_s)-N(y-a_s) \tag{A.0.2-19}$$

式（A.0.2-14）的 ϕ_e 为截面破坏时曲率的弹性部分，可取为：

$$\phi_e=\frac{M_u}{0.85E_s I_0} \tag{A.0.2-20}$$

大小偏心受压破坏的分界处，称为界限破坏，其破坏特征是受拉钢筋达到屈服时，压区混凝土也被压碎。此时，受拉钢筋应变为 $\varepsilon_s=\varepsilon_y=f_y/E_s$，混凝土受压边缘应变 $\varepsilon_c=\varepsilon_u=\varepsilon_{cu}$；则相应受压区高度 x_j 及曲率 φ_j 为：

$$x_j=\frac{\varepsilon_{cu}(h-a_s)}{\varepsilon_s+\varepsilon_{cu}} \tag{A.0.2-21}$$

$$\varphi_j=\frac{\varepsilon_{cu}}{x_j} \tag{A.0.2-22}$$

利用式（A.0.2-17）可算得界限破坏时的轴力 N_j。界限破坏时的轴力 N_j 也可以近似地按式（A.0.2-23）求得：

$$N_j=\sigma_c bx'-f_y A_s+f'_y A'_s \tag{A.0.2-23}$$

式中，$x'=0.85x_j$。

当某一级荷载作用下截面的 M，N 求得后，如 $N<N_j$，则按大偏心受压情况计算 $N-M-\varphi$ 关系；如 $N>N_j$，则按小偏心受压情况计算 $N-M-\varphi$ 关系。

A.0.3 构件恢复力关系

构件恢复力关系拟采用三参数（α，β，γ）模型来描述。这三个参数决定了单元刚度退化、捏拢效应和强度退化等特征，它们与轴力、钢筋黏结滑移等因素有关。

1. 参数 α

该参数控制单元刚度退化的程度。在延伸的初始骨架曲线上设定一公共点 A（图 A.0.3-1），卸载线在达到 x 轴线之前指向 A 点，过 x 轴线后指向曾经达到的反向最大点。参数 α 的取值范围为 1 ~ 4，α 越小，刚度退化程度越大，一般情况下 α 可取 2。

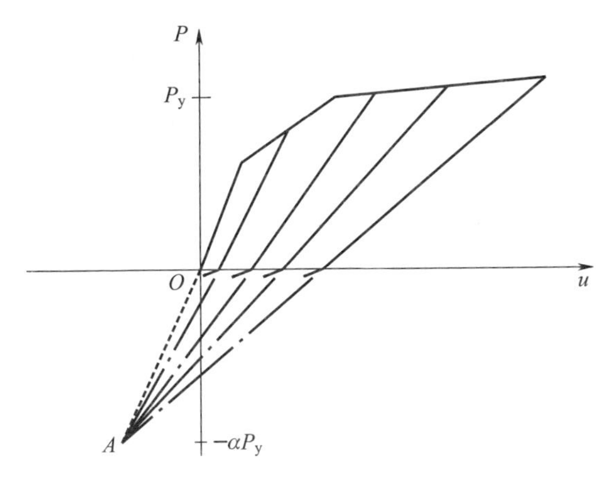

图 A.0.3-1 刚度退化

2. 参数 β

该参数控制恢复力滞回捏拢效应的程度（图 A.0.3-2）。将初始目标点 A 沿卸载线降低到 B 点，降低程度用参数 β 来表示，即 B 点的竖向坐标为 βP_y。再加载线在达到开裂闭合点 u_s 之前指向 B 点，在开裂闭合点 u_s 后指向 A 点。参数 β 的取值范围为 0 ~ 1，β 越小，滞回捏拢效应越明显，一般情况下 β 可取 0.5。

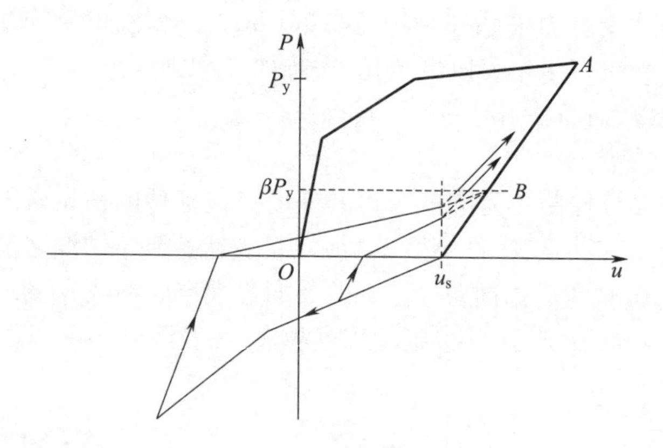

图 A.0.3-2　滞回捏拢效应

3. 参数 γ

该参数控制强度退化的程度（图 A.0.3-3）。强度退化体现在再加载的指向上。将再加载指向目标点 A 降低到 B 点，降低程度用参数 γ 来表示，即 B 点的竖向坐标为 $(1-\gamma)P_y$。参数 γ 的取值范围为 0 ~ 1，γ 越大，强度退化的程度越大，一般情况下 γ 可取 0.1。

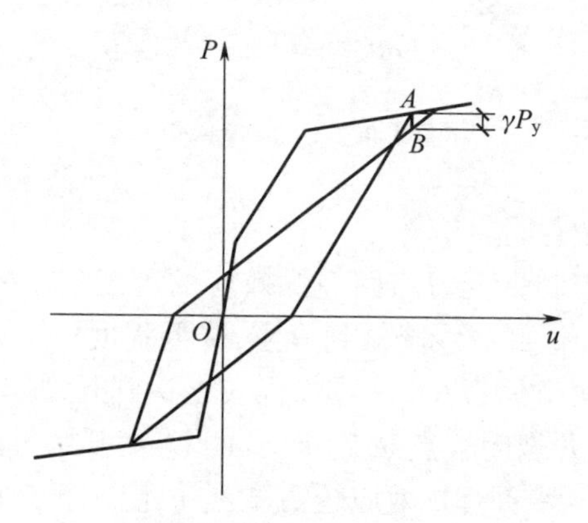

图 A.0.3-3　强度退化

综合以上三个控制参数的构件恢复力关系见图 A.0.3-4。图中线段①—⑤为骨架线，线段⑥—⑨为卸载路径，线段⑩—⑫为第 3 次卸载和再加载路径，线段⑬—⑮为在 1 个滞回环内的卸载路径。

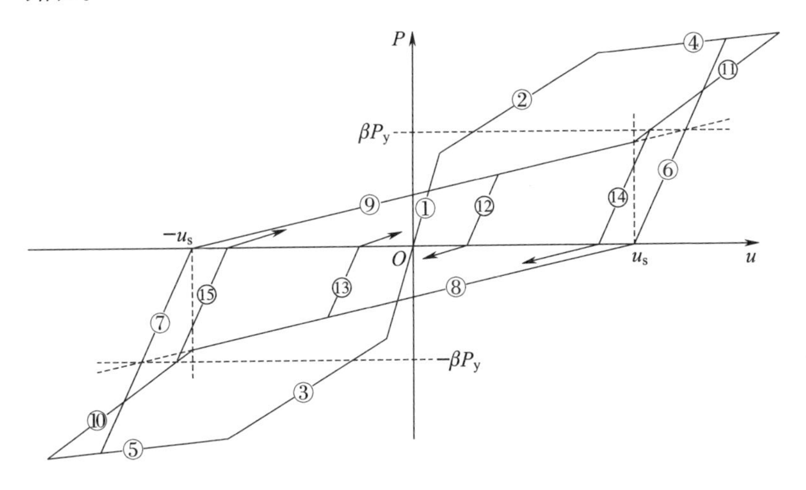

图 A.0.3-4　构件恢复力关系

附录B　超限高层建筑抗震设计可行性论证报告主要内容

B.0.1　设计资质

包括盖初步设计出图章、技术负责人章、一级注册结构工程师章以及一级注册建筑师章。

B.0.2　工程概况

包括建设地点、建筑规模、使用功能、总平面图、栋数以及各栋的层数、层高和高度等。

B.0.3　设计依据

包括可行性论证中执行的规范、规程、标准及其版本，岩土工程勘察报告，地震安全性评价（若要求）以及其他需要列出的设计依据（如对于复审工程，应包括以前的审查意见和回复等）。当参考使用国外有关抗震设计标准、工程实例和震害资料时，应说明理由。

B.0.4　结构特征

包括结构体系和结构布置，如主体结构、顶塔楼、裙房的高度、层高及层数，地下室的埋深、层高及层数，防震缝，平面特征，竖向特征以及嵌固端的设置等。对于屋盖超限空间结构，应说明结构形式、跨度、节点形式、支座形式以及与下部结构的联系等。

B.0.5　超限的判断

对建筑物高度超限、规则性超限及其他类型的超限进行判断，列出具体的超限内容。

B.0.6　主要设计参数

包括结构使用年限、建筑结构安全等级、地基设计等级以及舒适度标准。

B.0.7 抗震设计参数

包括抗震设防分类、抗震设防烈度、场地类别、设计地震分组、设计基本地震加速度、最大地震影响系数、特征周期、阻尼比、构件抗震等级等。对于要求进行地震安全性评价的工程,应列出地震安全性评价报告中给出的地震作用参数,并与规范规定的地震作用进行比较,确定最终的输入地震作用。当补充弹性时程分析或动力弹塑性分析时,应列出输入地震波的名称、加速度时程曲线、加速度反应谱曲线以及结构主要周期点上与规范设计谱的比较。

B.0.8 设计准则

包括结构的抗震性能目标,针对工程结构特征提出有效控制安全的技术措施、整体结构的抗震技术措施、薄弱部位的加强措施。

B.0.9 场地

应提供岩土工程勘察报告中各土层主要物理力学指标、地基或桩基承载力、地下水、液化评价等内容。当处于抗震不利地段时,应有相应的边坡稳定评价、断层影响和地形影响等抗震性能评价内容。

B.0.10 设计荷载

各主要部位设计使用荷载的选用,包括静荷载、活荷载、风荷载以及其他特殊荷载。

B.0.11 基础设计概况

包括基础类型、基础埋深、底板厚度、承台尺寸、桩型和单桩承载力、持力层以及计算沉降量等。

B.0.12 材料

包括环境类别,混凝土耐久性、强度等级,钢筋规格、强度标准值及设计值。对于钢结构或钢筋混凝土结构,应列出钢材的规格、强度标准值及设计值。

B.0.13 软件

列出用于整体抗震分析以及补充分析的主要软件名称和版本。对于尚未经我国相关主管部门鉴定认可的软件,要介绍软件的主要功能及其适用性。

B.0.14 输入总信息

摘录程序输入总信息中与抗震设计密切相关的部分。

B.0.15 主要分析结果

列出不少于两个不同力学模型的结构分析软件主要计算结果的汇总表。汇总表中包括以下数据:结构总质量,前三个振型的周期、振型方向因子、扭转周期比,层间位移角,最大轴压比(应力比),最大扭转位移比,楼层刚度比,楼层抗剪承载力之比,楼层剪重比,嵌固端上、下层侧向刚度比,地震作用最不利方向角等初步设计的控制指标。对于框架-剪力墙结构、筒体结构,应列出框架承担的水平剪力和底部倾覆力矩及其比例。对于预制装配式混凝土结构,应提供全部预制抗侧力构件所承担的水平剪力和倾覆力矩的比例。当补充弹性时程分析时,应列出底部剪力及其与 CQC 法的比较数据,且按规范的要求分析其合理性和有效性。

B.0.16 楼板分析

对于具有局部不连续不规则情况的楼板(含屋面板,下同)、柱支承双向板以及转换厚板等复杂的结构,应进行楼板应力分析。使用地震作用和竖向荷载的组合设计值,给出楼板应力控制点的配筋。对于大跨度楼盖系统,应补充竖向振动分析。

B.0.17 关键节点分析

提供节点构造图、有限元分析模型和分析结果及评估。

B.0.18 其他专项分析

应根据结构特征及超限程度,进行必要的专项分析,如悬挂、大跨度先铰后固等做法的施工模拟分析、抗倒塌能力分析、抗连续倒塌分析等。

B.0.19 罕遇地震分析

按本《指南》第 6.1.7 条的原则，选择采用静力弹塑性（推覆）分析方法或者动力弹塑性分析方法对结构进行罕遇地震作用下的计算分析。

B.0.20 抗震性能目标及性能检验

对于采用基于性能的抗震设计的超限高层建筑，应针对提出的性能目标，根据非线性分析的结果，对结构的抗震性能进行全面评估，检验结构的抗震性能能否满足预先设定的性能目标。

B.0.21 其他

对于装配式工程，尚应包括预制构件应用范围及平面布置图（若采用外挂墙板，还应提供立面布置图）、预制构件主要连接节点大样图、多遇地震作用组合下预制竖向构件轴力验算结果、预制竖向构件水平接缝受剪承载力验算结果、叠合梁端竖向接缝的受剪承载力验算结果以及梁柱端部及剪力墙底部加强部位的强连接弱构件验算结果。

对于改造加固工程，尚应包括改造加固方案（含不同加固方案比选）、加固构件范围及平面布置图、典型构件和节点加固方法示意图、加固前后结构计算结果对比以及不同受力阶段的施工模拟分析结果（对于复杂加固工程）。

对于减隔震工程，尚应包括减隔震方案（含不同方案比选）、减隔震装置布置位置图和主要技术参数、典型减隔震装置与主体结构的连接和构造示意图以及减隔震效果分析。

对于结构类型未列入现行国家和地方技术标准的其他建筑、采用现行国家和地方技术标准未包括的新材料或新抗震技术的建筑，尚应包括采用新技术、新材料和超出技术标准适用范围设计对结构抗震性能的影响与在实际工程中的应用情况，以及所采取的针对性措施。

附录 C　超限高层建筑抗震设计可行性论证报告实例[①]

C.1　上海天文馆[②]

C.1.1　设计资质

（略）

C.1.2　工程概况

上海天文馆项目位于浦东新区的临港新城，北侧是环湖北三路，西侧是临港大道，南面和东面均为市政绿地，总用地面积为 5.86 hm^2。整个地块内建筑包括两部分：主体建筑和附属建筑。

项目总建筑面积约 38000 m^2，包括地上面积 25677 m^2 和地下室面积 12323 m^2。主体建筑地面以上三层、地下一层，建筑总高度为 23.95 m。该项目的建筑效果图和南北向剖面如图 C.1.2–1、C.1.2–2 所示。

图 C.1.2–1　上海天文馆建筑效果图

① 因篇幅限制，本附录省略部分图、表和相关内容。在实际报告中，应提供相应完整内容。

② 本实例由上海建筑设计研究院有限公司提供。

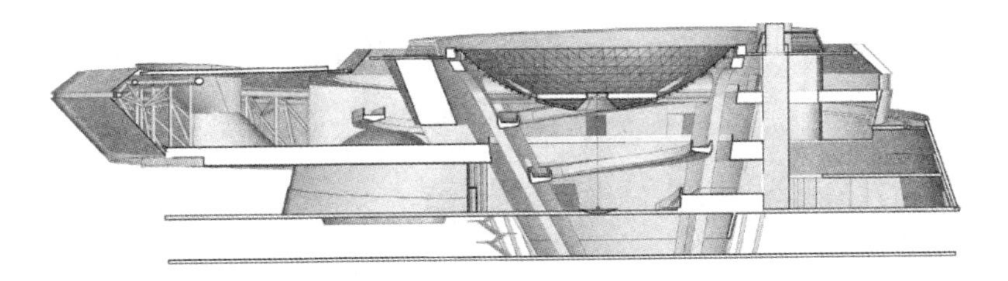

图 C.1.2-2　上海天文馆建筑南北向剖面图

C.1.3　设计依据

工程设计以国家和上海市的相关标准以及由 X 公司提供的岩土工程勘察报告等为依据。

C.1.4　结构特征

1. 结构体系

项目主体建筑横向长约 140 m,纵向长约 170 m,大屋面结构高度为 22.5 m,局部突出屋顶设备间结构高度为 26.5 m。地下一层,较高一侧地上三层,局部有夹层;较低一侧地上一层。上部结构采用钢筋混凝土框架 - 剪力墙结构,局部采用钢结构和铝合金结构。上部结构主要由四部分组成,即大悬挑区域、倒转穹顶区域、球幕影院区域及连接这三块区域的框架,如图 C.1.4-1 所示。大悬挑区域采用空间弧形钢桁架加楼屋面双向桁架结构,桁架结构支承于两个钢筋混凝土核心筒上。倒转穹顶区域采用铝合金单层网壳结构,支承于“三脚架”顶部环梁上,“三脚架”结构由清水钢筋混凝土立柱(内设空心钢管)和混凝土环梁组成,穹顶下方旋转步道支撑于“三脚架”立柱上。球幕影院区域球体上半部分采用铝合金单层网壳结构,下半部分采用钢结构单层网壳结构,球体通过 6 个点支承于曲面混凝土壳体结构上。大部分屋面为不上人屋面,采用轻质金属板屋面,局部上人屋面和楼面采用现浇混凝土楼板,局部采用闭口型压型钢板组合楼板。地下室顶板除球幕影院区域开大洞外,相对较完整,二层和三层楼面均有大面积缩减。

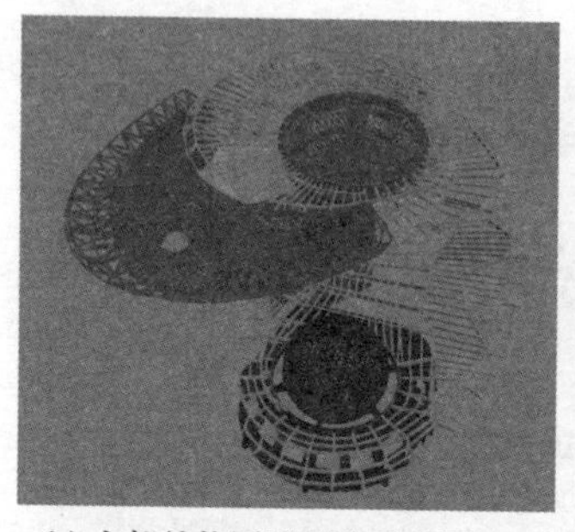

(a) 上部结构区域划分示意图

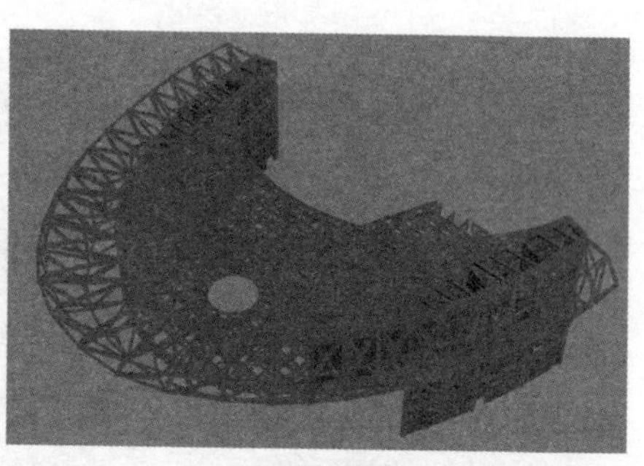

(b) 大悬挑区域

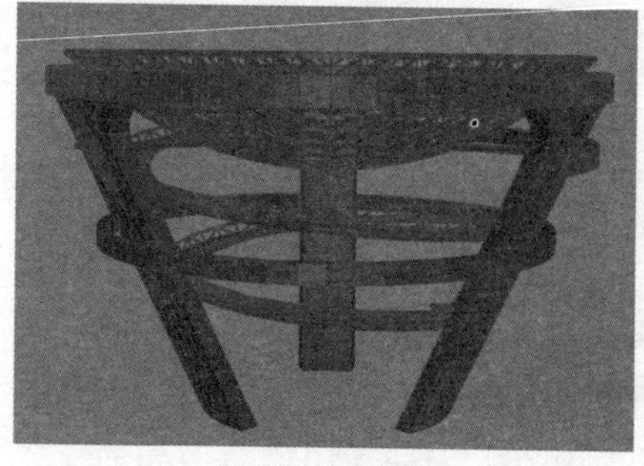

(c) 倒转穹顶区域

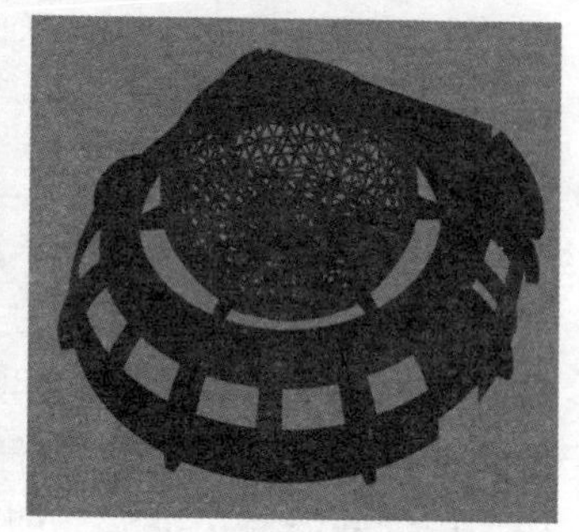

(d) 球幕影院区域

图 C.1.4–1　上部结构体系

由于较低一侧屋面为轻质金属屋面,结构刚度小,变形能力较强,且其质量与整个上部结构相比不超过 5%,因此整个结构不设变形缝,在构造上加强高低侧连接处立柱的配筋。

2. 主要部位结构布置

1)大悬挑区域

大悬挑区域所在位置如图 C.1.4–2 所示,悬挑区域采用钢结构体系,主要受力构件为支承于现浇钢筋混凝土筒体上的空间弧形桁架和楼屋面双层网架,网架中心线厚度为 1.8 m。为了保证荷载的传递,在混凝土筒体内设置钢骨。考虑构造要求,核心筒墙体厚度取 1 m。弧形桁架上弦与下弦对混凝土筒体分别产生拉力和压力,楼面桁架为弧形桁架提供面外支撑作用。

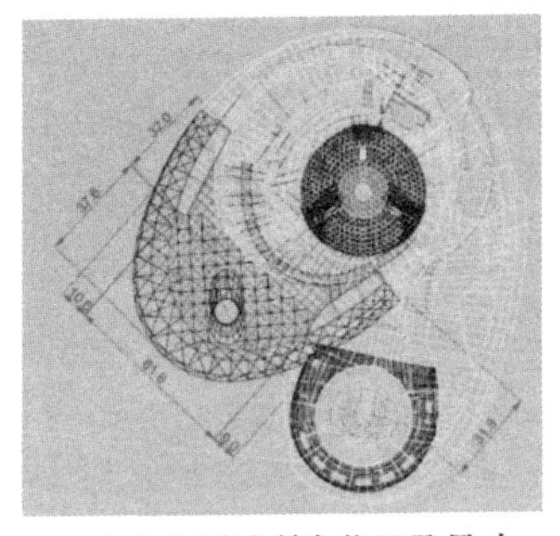

(a) 大悬挑区域所在位置及尺寸

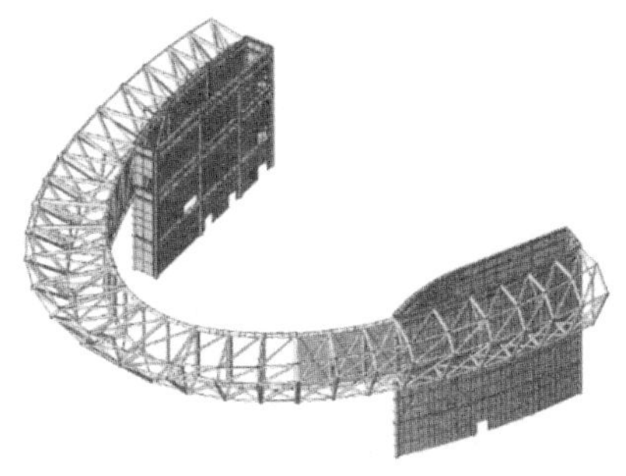

(b) 空间弧形桁架

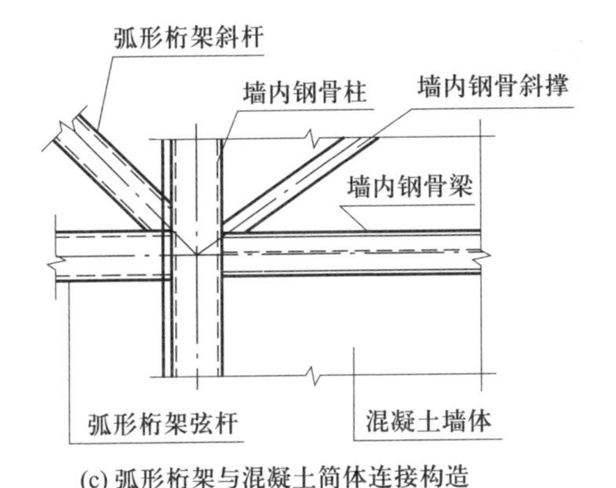

(c) 弧形桁架与混凝土筒体连接构造

图 C.1.4–2　大悬挑区域结构体系

2）倒转穹顶区域

倒转穹顶采用铝合金单层网壳结构，支承于“三脚架”顶部的环梁上，穹顶下方旋转步道采用钢结构，步道支承于“三脚架”立柱上。“三脚架”采用现浇钢筋混凝土结构，顶部环梁截面尺寸为 1800 mm × 2000 mm，下方环梁截面尺寸为 800 mm × 1500 mm，且下方环梁位于立柱的外表面以外，在地下室顶板标高设置截面尺寸为 1800 mm × 500 mm 的环梁。北侧立柱截面尺寸为 5000 mm × 1800 mm，南侧两根立柱截面尺寸为 7000 mm × 1800 mm。为了减轻立柱的重量，同时简化旋转步道与立柱的连接构造，“三脚架”立柱采用内置直径为 1200 mm 的空心钢管，钢管在高度方向每隔 3 m 通过一水平横隔板连接在一起，外表面为清水混凝土，为了保证立柱底部水平力的传递，此范围基础底板厚度加大至 1200 mm。旋转步道宽度为 3.25 m，长度为 178 m，最大跨度为 40 m。

3）球幕影院区域

球幕影院区域所在位置如图 C.1.4-3 所示，球幕影院顶部球体上半部分采用铝合金单层网壳结构，下半部采用钢结构单层网壳结构，其内部观众看台结构采用钢梁加组合楼板的结构形式。球体底部支承结构采用混凝土壳体结构，并均匀设置加劲肋，壳体与钢结构球体之间设置钢筋混凝土环梁，环梁内设置型钢。球体结构通过 6 个点与混凝土环梁连接。

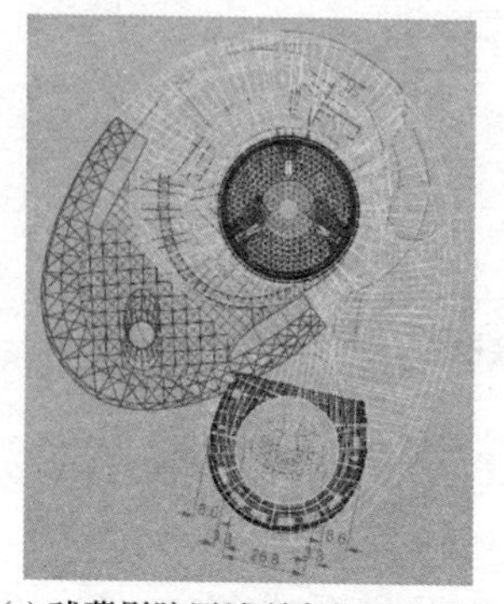

(a) 球幕影院区域所在位置及尺寸

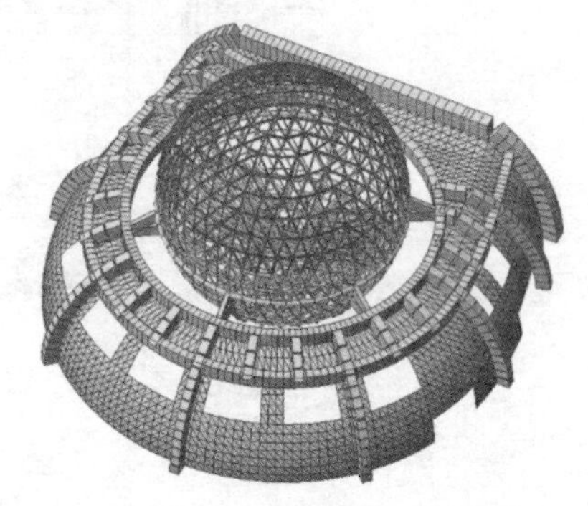

(b) 球幕影院区域结构三维实体图

图 C.1.4-3　球幕影院区域结构体系

3. 结构嵌固端选取

嵌固层选在地下室顶板层，整块顶板有 4 处开洞较大，其中最大的洞口为球幕影院下方混凝土壳体内部空间，虽然洞口尺寸大，但洞口周边与混凝土壳体连接，混凝土壳体侧向刚度大，因此地下室顶板开洞对上部结构的影响小。其余位置设计时在顶板开洞区域周边布置刚度较好的边梁，以保证整个顶板的整体性。

1）地下室顶板应力计算

建立带一层地下室的模型，不考虑地下室外墙土的约束作用，考察在多遇地震工况下的顶板应力。计算时，正交的两个方向取地震作用最不利方向，分别为 E_X=157° 和 E_Y=67°。得到计算模型图。可得到在 X 方向地震作用下，顶板的最大应力分布图。分析可以看出顶板的整体应力比较低，靠近北侧开洞区域应力略有增加，约为 0.6 MPa，局部应力最大处为 1.6 MPa。绘制在 Y 方向地震作用下，顶板的最大应力分布图。可以看出顶板的整体应力比较低，靠近北侧开洞区域应力略有增加，约为 0.5 MPa，局部应力最大处为 1.1 MPa。

由计算结果可以看出，在小震作用下，作为嵌固层的地下室顶板应力很小，地震影响范围有限，顶板内最大应力小于混凝土的抗拉强度，顶板开洞的影响较小。

2）嵌固端抗侧刚度比

嵌固端剪切刚度分析时参数中取消地下室信息，并仅考虑上部结构周边一跨以内的地下室结构进行计算。分块计算模型如图 C.1.4-4 所示。抗侧刚度比计算结果见表 C.1.4-1。从表中可以看出，地下一层与地上一层刚度比最小为 1.62，满足规范限值 1.5 的要求。再结合上述顶板应力分析结果，可知地下室顶板可以作为上部结构的嵌固端。

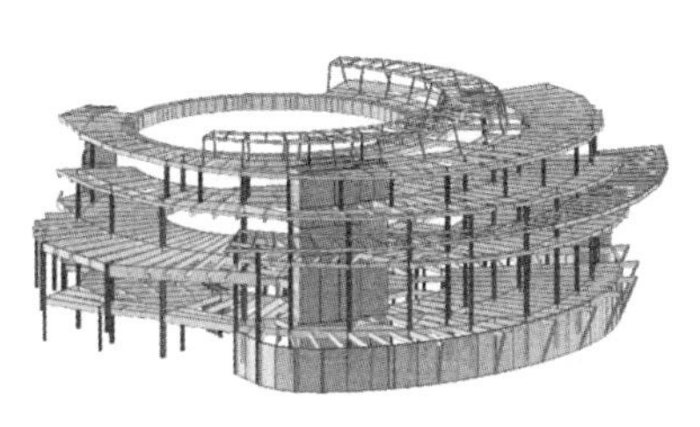

(a) 分块A模型

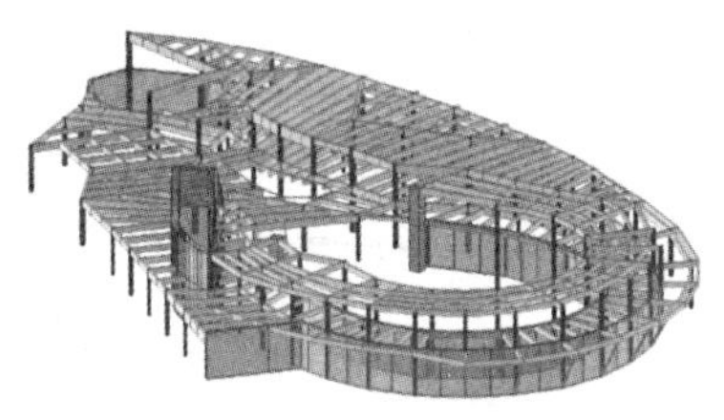

(b) 分块B模型

图 C.1.4-4　嵌固端抗侧刚度比计算模型

表 C.1.4-1　嵌固端抗侧刚度比(单位:kN/m)

分块	A		B	
	X 向	Y 向	X 向	Y 向
地下一层/地上一层	3.33	3.12	1.62	3.22

C.1.5　超限的判别

结构的超限情况如下:

1. 楼板开洞

地下室顶板开洞主要集中在结构较低一侧,其中最大的洞口为球幕影院下方混凝土壳体内部空间,虽然洞口尺寸大,但洞口周边与混凝土壳体连接,混凝土壳体侧向刚度大,因此地下室顶板开洞对上部结构影响小。二层楼板开洞面积大于本层面积的30%,楼板有效宽度小于典型宽度的50%,三层和屋顶只有局部有混凝土板,属于楼板局部不连续。

2. 大悬挑

二层大悬挑区域最大悬挑尺寸为37.6 m,且为主要展区。

3. 侧向刚度不规则、转换、错层

立面局部收进尺寸大于相邻下层的25%,且存在多处转换和错层。

4. 特殊类型建筑

结构体系为混合结构,有钢结构、钢筋混凝土结构和铝合金结构。结构型式有桁架、网壳、框架、剪力墙。因此,本项目结构形态和体系复杂,存在多项不规则,属于超限复杂结构。

C.1.6　主要设计参数

(1)结构设计使用年限和设计基准期为50年。

(2)建筑防火等级为一级。

(3)建筑结构安全等级为二级,重要性系数为1.0。

(4)地基基础设计等级为甲级。

（5）地下室防水等级为一级。

C.1.7 抗震设计参数

建筑抗震设防类别为重点设防类（乙类），设防烈度为7度（0.1 g），Ⅳ类场地，设计地震分组为第一组（T_g=0.9 s），阻尼比取0.04，周期折减系数取0.9。反应谱法计算时地震影响系数曲线采用上海市工程建设规范《建筑抗震设计规程》（DGJ 08—9—2013）第5.1.5条规定的曲线。模型计算时，全楼楼板均采用弹性楼板。经过计算分析，结构最不利地震作用方向角为67°和157°。

时程分析选取的地震记录为三条上海地震波：SHW1、SHW3和SHW4，地震持时分别为30.86 s、40.96 s和40.96 s，加速度峰值分别发生在第5.74 s、第13.13 s和第7.9 s，分析中均按地震波持时30 s进行计算，采用直接积分法（Newmark，γ=0.5，β=0.25），加速度峰值采用35 cm/s^2。

C.1.8 设计准则

1. 计算分析方面

1）结构关键部位的抗震性能目标

结构关键部位在中震和大震时的性能要求见表C.1.8-1。

表C.1.8-1 结构关键部位抗震性能目标

部位	性能要求
球幕影院与混凝土壳体连接部位、大悬挑区域弧形桁架根部节点	大震弹性
大悬挑区域弧形桁架、倒转穹顶区域旋转步道、铝合金网壳、钢结构网壳、大悬挑区域楼屋面双向桁架、悬挂步道	中震弹性、大震不屈服
柱、“三脚架”环梁和立柱、大悬挑区域核心筒	中震弹性
混凝土壳体	中震弹性、大震不屈服
各层楼板	中震钢筋不屈服

2）结构位移及构件长细比控制指标

在多遇地震、恒载及活载作用下结构的变形，部分构件的应力、变形和长细比等的要求见表 C.1.8-2。

表 C.1.8-2　结构位移及构件性能控制指标

性能控制指标	限值
主梁、桁架挠度	1/400
次梁、步道挠度	1/250
铝合金网壳挠度	1/250
柱顶位移、层间位移角	1/800
一层墙柱层间位移角	1/2000
钢柱长细比	100
其余钢压杆长细比	150
拉杆长细比	300
次梁应力比	0.85
铝合金网壳、钢结构网壳、主梁、钢柱应力比	0.8
楼面桁架弦杆、步道应力比	0.8
楼面桁架腹杆应力比	0.85
弧形桁架应力比	0.75
球幕影院球体与混凝土壳体连接杆件应力比	0.7
球幕影院球体与混凝土壳体连接节点安全系数	1.5

3）楼板应力分析

对所有楼板进行中震下的应力分析，保证中震下楼板钢筋不屈服的性能要求。

4）关键部位独立计算

对于大悬挑区域、倒转穹顶、球幕影院等关键部位，取独立模型进行验算分析,提高结构的安全性能。

2. 构造措施方面

1)结构各部位的抗震等级

由于大悬挑区域两个筒体与其他区域连接较弱,剩下只有北侧电梯间一个筒体,确定混凝土框架的抗震等级时按照纯框架结构的要求处理,而确定剪力墙的抗震等级时按照框架-剪力墙结构的要求处理。各部位的抗震等级要求见表 C.1.8–3。

表 C.1.8–3 结构各部位的抗震等级

部位	抗震等级
混凝土框架	二级
剪力墙	二级
钢结构	三级

2)楼板配筋

加强各层楼板配筋,并按照中震应力分析结果进行配筋。

3)梁、柱、墙构造

对于错层位置处柱箍筋全高加密,部分梁(如球幕影院底部混凝土环梁)设置型钢,与大悬挑桁架及楼面桁架相连的混凝土墙体内设置型钢。

C.1.9 场地

建设场地的岩土工程勘察报告显示建设场地属于稳定场地,适宜本工程建设。建设场地属Ⅳ类场地,设计地震分组为第一组,为可液化场地,液化等级为轻微液化,属建筑抗震不利地段,但是考虑到本工程采用桩基础,穿越了此液化层,因此可以不考虑其影响。

场地内分布有吹填土,层底标高为 1.52 ~ 0.01 m,厚度为 2.00 ~ 4.10 m。吹填土表层夹少量碎石、垃圾等,下部以粉性土为主,局部夹较多淤泥质土,结构松散,土质不均。

C.1.10 设计荷载

1. 楼、屋面、墙面恒荷载

(略)

2. 楼面、屋面活荷载

(略)

3. 风荷载

基本风压值取为 0.55 kN/m²(按 50 年一遇取值),地面粗糙度为 A 类,体型系数和风振系数根据风洞试验取值,即通过物理风洞及结构计算得到各节点风荷载标准值,用此值按节点荷载施加于计算模型上。

4. 雪荷载

基本雪压值为 0.2 kN/m²。

5. 温度荷载

建议合拢温度为 10 ~ 20℃,温度作用按 ±30 ℃温差考虑。

C.1.11 基础设计概况

主体结构有一层地下室,室外地坪相对标高为 −0.450 m,地下室大部分区域底板建筑相对标高为 −6.500 m,球幕影院下方以及西侧汽车坡道卸货区底板建筑相对标高为 −7.500 m。

基础形式采用桩筏加局部桩基承台基础,筏板厚度为 600 mm,局部承台主要为筒体及柱反力较大的部位,承台厚度为 1200 ~ 1500 mm。地下室顶板为梁板结构,板厚 200 mm。筒体及柱下部桩基采用 ϕ700 钻孔灌注桩,持力层为⑦$_2$层粉砂,桩长约为 50 m,单桩竖向承压承载力特征值约为 2900 kN,抗拔承载力特征值约为 1400 kN。纯地下室区域以及部分柱间筏板的桩基采用 ϕ600 钻孔灌注桩,持力层为⑦$_{1-1}$层粉土,桩长约为 41 m,单桩竖向抗拔承载力特征值约为 950 kN。估算最大沉降量为 2 cm。

C.1.12 材料

1. 混凝土

(略)

2. 钢筋、预应力钢筋、钢材

（略）

3. 铝合金

（略）

4. 螺栓

（略）

C.1.13 软件

整体计算采用 MIDAS GEN V8.2.1 和 SAP2000 V15.0.1 软件，混凝土部分通过模型简化后采用 PKPM 系列软件进行计算。大震下弹塑性时程、混凝土壳体、楼板应力分析采用 ABAQUS 软件进行计算。

C.1.14 输入总信息

（略）

C.1.15 主要分析结果

1. 结构静力分析

由于结构形态复杂，静力计算分析时考虑几何非线性的影响，对旋转步道、悬挂步道考虑初始缺陷的影响，初始缺陷按照第一阶弹性屈曲模态确定，按照 1/300 考虑。独立分块模型验算时未考虑地下室顶板对结构的约束作用。

1）位移计算

位移计算结果见表 C.1.15-1。

2）内力计算

此节内力计算只针对主要部位钢构件及铝合金杆件，框架部分用 PKPM 软件计算，计算结果均满足要求。

（1）整体模型

最不利组合工况作用下大悬挑区域弧形桁架杆件应力比最大值为 0.779，楼面桁架杆件应力比最大值为 0.969。倒转穹顶区域穹顶铝合金杆件组合应力最大值为 146.6 MPa，旋转步道杆件应力比最大值为 0.885。球幕影院区域铝合金杆件组合应力最

表 C.1.15–1　位移计算结果

荷载作用	位移		整体模型	分块模型			
				大悬挑区域	倒转穹顶区域	球幕影院区域	
						刚接模型	铰接模型
恒荷载 ＋ 活荷载	竖向位移	最大位移 / mm	－147.5	－147.1	－101.2	壳体 －38.6 球体 －51.1	壳体 －37.8 球体 －55.4
		位置	悬挑端端部	悬挑端端部	三层环梁的跨中		
		挠度	1/255	1/255	1/561	1/1075	
		规范限值	1/200	1/200	1/400	1/400	
	水平位移	最大位移 / mm	28.9		68.6	壳体 7.0 球体 27.2	
		位置	幕影院球体的顶部				
升温 30℃	水平位移	最大位移 / mm	24.1	24.1	16.5	10.8	
		位置	大悬挑区域弧形桁架的端部	弧形桁架的端部	铝合金穹顶南侧曲面上	球体的内外膨胀	

注：球幕影院静力分析时按两种情况考虑：一是球体与下部混凝土壳体之间为铰接连接；二是刚接连接。

大值为 167.0 MPa,球体与混凝土壳体连接杆件应力比最大值为 0.534,球体钢结构杆件应力比最大值为 0.987。

恒荷载加活荷载基本组合工况作用下混凝土筒体底部反力最大拉力为 256.53 kN。

上部结构二层混凝土楼板水平尺寸较大,长、宽分别约为 120 m、80 m,且存在大开洞,而上部其余各层楼板面积小,因此选取该层楼板进行温度参与组合工况下的拉应力分析。温度分析时徐变折减系数取 0.3,最大降温温差取 40℃,设计时要求后浇带封闭时间为 3 个月,3 个月收缩量约为极限收缩应变的 60%,收缩当量温差为 −16℃,因此楼板应力设计计算温差取 0.3×(40+16)=16.8 ℃。可得到温度参与组合工况作用下二层混凝土楼板最大拉应力图。从分析可知,楼板最大主拉应力为 5.54 MPa,除少部分应力集中区域外,大部分区域楼板主拉应力在 3 MPa 以下,施工图阶段将根据此数值进行楼板配筋设计,同时加强应力集中区域的配筋。

(2)大悬挑区域

弧形桁架杆件最大应力比为 0.784,应力比超过 0.75 的只有一根,楼面桁架最大杆件应力比为 0.978,弧形桁架满足规范强度要求,楼面桁架应力比偏大,将在下一阶段调整。混凝土底部最大拉力为 1073.6 kN,由于没有考虑地下室顶板及与该部分相连结构的荷载,此拉力要大于整体模型。

(3)倒转穹顶区域

杆件最大组合应力为 93.7 MPa,满足铝合金规范的强度要求。最大杆件应力比为 0.813,满足规范强度要求。

(4)球幕影院

①刚接模型

杆件最大组合应力为 136.4 MPa,位于与混凝土壳体连接点附近,满足铝合金规范的强度要求。球体与混凝土连接杆件最大应力比为 0.697,球体钢结构最大杆件应力比为 0.905,满足规范强度要求。

②铰接模型

杆件最大组合应力为 170.4 MPa,位于与混凝土壳体连接点附近,与刚接模型相比有较大的增加。球体与混凝土连接杆件最大应力比为 0.574,球体钢结构最大杆件应力比为 0.943,前者相比刚接模型明显减小,后者略有增加。

③球体与混凝土壳体节点分析

采用 ANSYS 软件进行计算,控制工况为 1.2 恒荷载 +0.98 活荷载 +1.4 温度(降温),计算时对选取的壳体模型底部及两个侧面采用刚性约束,可得到计算结果图。分析可知,在荷载作用下节点钢构件最大应力为 303.1 MPa,处于弹性状态,混凝土最大主拉应力除与钢构件交界处应力集中区域超过 8 MPa 以外,其余区域均小于 8 MPa,按此配筋能保证钢筋处于弹性状态,混凝土最大主压应力除与钢构件交界处应力集中区域超过 32.4 MPa 以外,其余均处于弹性状态,因此节点在 1.5 倍设计荷载作用下应力较小,保持为弹性。

2. 整体稳定性能分析

整体稳定性能分析时只取关键部位的独立模型进行分析,荷载工况选取恒荷载 + 活荷载的标准值。大悬挑区域的屈曲模态均为局部屈曲。倒转穹顶区域的第一阶屈曲模态为铝合金壳体在门洞位置的局部屈曲。球幕影院区域的第一阶屈曲模态为铝合金壳体结构顶部局部屈曲。经过分析可知,结构各关键部位整体稳定性良好,均满足规范要求。

3. 多遇地震作用下的结构抗震性能分析

1)反应谱分析

结构在多遇地震作用下的反应谱分析结果见表 C.1.15-2。从表中可以看出,两个软件计算结果非常接近,验证了模型的准确性,同时地震作用下结构的周期比和位移角等满足规范的限值要求。

表 C.1.15-2　多遇地震作用下的反应谱分析结果（两软件对比）

	计算软件	MIDAS GEN（V8.2.1 版）		SAP2000（V15.2.1 版）	
周期振型	T_1（s） 平动及扭转系数 质量参与系数	0.6045 0+0.95+0.05 0.05%+17.15%+0.83%		0.6203 0+0.95+0.05 0%+16%+0.01%	
	T_2（s） 平动及扭转系数 质量参与系数	0.4437 0.55+0.1+0.35 23.38%+4.08%+14.56%		0.4525 0.54+0.1+0.36 22%+4.2%+15%	
	周期比 T_2/T_1	0.734		0.73	
		X 向	*Y* 向	*X* 向	*Y* 向
风荷载作用	基底剪力（kN）	2256.51	1891.82		
	最大层间位移角及位置	1/1985 三层	1/3470 二层		
	最大顶点位移 /mm	3.93	1.52		
	最大顶点位移与总高比	1/5750	1/14868		
地震作用	结构总质量（t）	68290.71		68152.17	
	周期调整系数	0.90		0.90	
	振型数量	60		60	
	基底剪力（kN）	67°： 7427.65 157°： 18087.94	67°： 16053.9 157°： 8393.16	67°： 7168.67 157°： 18484.07	67°： 17277.58 157°： 8394.56
	基底弯矩（kN.m）			67°： 209062.00 157°： 132098.89	67°： 416335.88 157°： 379022.77

续表 C.1.15-2

	计算软件	MIDAS GEN（V8.2.1 版）		SAP2000（V15.2.1 版）	
		X 向	Y 向	X 向	Y 向
地震作用	有效质量系数	96.54%	96.60%	96.75%	96.55%
	底层剪重比	67°：1.11% 157°：2.7%	67°：2.4% 157°：1.25%	67°：1.07% 157°：2.77%	67°：2.59% 157°：1.26%
	最大层间位移角及位置	1/1052 二层	1/1453 二层	1/1029 二层	1/1490 二层
	首层层间位移角	1/1499	1/1960	1/1512	1/2068
	最大顶点位移 /mm	14.5	10.0	14.87	10.3
	最大顶点位移与总高比	1/1636	1/2441	1/1541	1/2279

2）时程分析

多遇地震作用下结构的弹性时程分析结果见表 C.1.15-3、表 C.1.15-4。从表中可以看出，时程分析结果均比反应谱法大，满足规范有关时程分析与反应谱分析结果的要求。每条时程曲线计算所得结构底部剪力不小于振型分解反应谱法计算结果的 65%，多条时程曲线计算所得结构底部剪力的平均值不小于振型分解反应谱法计算结果的 80%。结构设计时，将按照时程分析结果和反应谱结果包络设计。

3）多遇地震作用下独立分块模型分析

多遇地震作用下独立模型采用反应谱法进行计算，并考虑时程分析结果乘以 1.3 的放大系数。

（1）大悬挑区域

大悬挑区域最不利地震作用方向为 45° 和 135°，结构前三阶振型见表 C.1.15-5。

表 C.1.15-3　多遇地震作用下的弹性时程分析结果

（MIDAS GEN 计算结果）

地震波名称	SHW1（人工波）	SHW3（人工波）	SHW4（人工波）	三组波平均值	振型分解反应谱法（CQC 法）
X 向底部剪力 / kN	7499.40（67°） 22556.88（157°）	8173.53（67°） 24610.67（157°）	8610.76（67°） 23969.49（157°）	8094.56（67°） 23712.35（157°）	7427.65（67°） 18087.94（157°）
X 向底部剪力的比值（时程分析法与反应谱法的比值）	100.97%（67°） 124.71%（157°）	110.04%（67°） 136.06%（157°）	115.93%（67°） 132.52%（157°）	108.98%（67°） 131.1%（157°）	100%
X 向最大层间位移角	1/877	1/857	1/937	1/890	
最大顶点位移	15.9	16.1	14.2	15.4	14.5
最大顶点位移与总高比	1/1422	1/1401	1/1588	1/1470	1/1556
Y 向底部剪力 / kN	19628.99（67°） 8941.79（157°）	16926.88（67°） 10724.25（157°）	18658.9（67°） 10383.43（157°）	18404.92（67°） 10016.49（157°）	16053.9（67°） 8393.16（157°）
Y 向底部剪力的比值（时程分析法与反应谱法的比值）	122.7%（67°） 106.54%（157°）	105.44%（67°） 127.78%（157°）	116.23%（67°） 123.71%（157°）	114.64%（67°） 119.34%（157°）	100%
Y 向最大层间位移角	1/1383	1/1300	1/889	1/1190	
最大顶点位移	8.67	9.62	8.7	9.00	10.04
最大顶点位移与总高比	1/2606	1/2349	1/2598	1/2518	1/2251

表 C.1.15-4　多遇地震作用下的弹性时程分析结果

（SAP2000 计算结果）

地震波名称	SHW1（人工波）	SHW3（人工波）	SHW4（人工波）	三组波平均值	振型分解反应谱法（CQC 法）
X 向底部剪力（kN）	7701.57（67°） 23694.77（157°）	8868.4（67°） 24295.48（157°）	9293.83（67°） 25286.3（157°）	8621.27（67°） 24425.57（157°）	7168.67（67°） 18484.07（157°）
X 向底部剪力的比值（时程分析法与反应谱法的比值）	107.43%（67°） 128.19%（157°）	123.71%（67°） 131.44%（157°）	120.06%（67°） 136.8%（157°）	120.26%（67°） 132.14%（157°）	100%
Y 向底部剪力（kN）	21136.554（67°） 10303.51（157°）	18273.66（67°） 10862.08（157°）	22259.77（67°） 11639.854（157°）	20556.66（67°） 10934.17（157°）	17277.58（67°） 8394.56（157°）
Y 向底部剪力的比值（时程分析法与反应谱法的比值）	122.33%（67°） 122.74%（157°）	105.77%（67°） 129.39%（157°）	128.84%（67°） 130.25%（157°）	118.98%（67°） 130.25%（157°）	100%

表 C.1.15-5　结构前三阶振型

振型	周期（s）	质量参与系数（%）			
		X 向	*Y* 向	*Z* 向	扭转
1	0.55	0.04	0.02	15.2	0.01
2	0.30	0.01	0.01	2.3	0
3	0.27	0.78	0.72	3.1	0.01

45° 地震作用下的水平位移最大值为 0.7 mm，135° 地震作用下的水平位移最大值为 1.5 mm，竖向地震作用下的竖向位移最大值为 7.9 mm。多遇地震作用下大悬挑区域位移值远远小于恒荷载 + 活荷载标准组合下的位移，地震工况不起控制作用。

（2）倒转穹顶区域（略）。

（3）球幕影院区域（略）。

C.1.16 抗震性能目标分析

1. 大震弹性

球幕影院与混凝土壳体连接构造需要满足大震弹性的性能目标。大震反应按照小震反应谱和时程分析的包络值乘以 6.25 的放大系数计算。可得到大震作用下球体与混凝土壳体连接杆件应力比图，其中最大值为 0.667，小于常规荷载作用下的最大应力比 0.697，满足大震弹性的性能目标。

大震下大悬挑区域弧形桁架与混凝土筒体连接性能采用 ABAQUS 进行弹塑性时程分析。

1）大震弹塑性时程分析参数及材料本构

主要对几个关键部位进行分析，包括混凝土筒体、大悬挑钢桁架部分及球幕影院部分，判断大震下构件的性能。1000 mm 厚外筒体配筋为Φ25@150，500 mm 内墙配筋为Φ20@150，均为双层双向。

根据现行上海市工程建设规范《建筑抗震设计规程》（DGJ 08—9），地震波峰值加速度采用 200 Gal（$1Gal=10^{-2}\ m/s^2$）。根据小震弹性时程分析可知，SHW3 波作用下结构响应最大，因此大震弹塑性时程分析时地震波采用 SHW3 波。弹塑性时程分析采用三向地震波输入，主次向地震波加速度峰值比为 1∶0.85∶0.65。

钢材采用动力硬化模型，考虑包辛格效应，在循环过程中，无刚度退化。设定钢材的强屈比为 1.2，极限应力对应的应变为 0.025。混凝土采用损伤塑性模型，其刚度损伤分别由受拉损伤参数 d_t 和受压损伤参数 d_c 来表达，d_t 和 d_c 由混凝土材料进入塑性状态的程度决定。

2)大悬挑部分分析结果

在大震作用下,钢结构桁架大悬挑部分钢结构最大应力为240.2 MPa,钢结构处于弹性状态,满足大震弹性的目标。钢筋混凝土筒体混凝土最大主拉应力为2.58 MPa,筒体底部区域拉应力较大,但都小于抗拉强度标准值。混凝土塑性拉应变最大值为0.0014,仅发生在与钢结构连接区域的局部几个单元,大部分未进入塑性。钢筋的塑性拉应变最大值为0.0014,钢筋仅局部连接区域发生塑性应变,大部分区域未进入塑性。混凝土受压损伤因子最大值为0.49,仅与钢结构连接区域混凝土受压有损伤,大部分区域没有损伤。混凝土受拉损伤因子最大值为0.9,仅与钢结构连接局部区域应力集中,混凝土受拉有损伤,大部分区域没有损伤。

综上所述,大悬挑区域钢结构在大震时能保持弹性状态;钢筋混凝土筒体在大震下弹塑性时程分析时内部钢筋仅局部区域有塑性拉应变,最大值为0.0014,混凝土仅与钢结构连接局部区域因应力集中有损伤,大部分区域未损伤。通过在应力集中区域加密钢筋后,混凝土筒体大震下整体能保持弹性。

2. 中震弹性、大震不屈服

大悬挑区域弧形桁架、大悬挑区域楼屋面双向桁架、倒转穹顶区域旋转步道、铝合金网壳、钢结构网壳需满足中震弹性和大震不屈服的性能目标,中震和大震反应分别按照小震反应谱和时程分析的包络值乘以3和6.25的放大系数计算。

大震下(有分项系数)大悬挑区域弧形桁架最大应力比为0.947,处于弹性,因此满足中震弹性和大震不屈服的性能要求,同时也说明该部分构件不是地震作用控制。中震下大悬挑区域楼屋面双向桁架最大应力比为1.000,满足中震弹性的性能要求;大震下(有分项系数组合)最大应力比为1.138,除以分项系数,并考虑材料屈服强度,满足大震不屈服的性能要求。

中震下倒转穹顶区域旋转步道最大应力比为0.899,满足中震弹性的性能要求;大震下(有分项系数组合)最大应力比为1.251,除以分项系数,并考虑材料屈服强度,能够满足大震不屈服的性能要求。中震下倒转穹顶区域铝合金网壳最大组合应力为173.7 MPa,满足中震弹性的性能要求;大震下(标准组合)最大组合应力为202.6 MPa,除洞口少数应力集中区域外基本满足大震不屈服的性能要求,后一阶段将通过加大洞口周边截面尺寸来满足此要求。

中震下球幕影院区域铝合金网壳最大组合应力为171.7 MPa,满足中震弹性的性能要求;大震下(标准组合)最大组合应力为174.4 MPa,满足大震不屈服的性能要求。中震下倒转穹顶区域旋转步道最大应力比为0.993,满足中震弹性的性能要求;大震下(有分项系数组合)最大应力比为1.163,除以分项系数,并考虑材料屈服强度,能够满足大震不屈服的性能要求。

大震下(有分项系数)悬挂步道最大应力比为0.681,处于弹性,因此能满足中震弹性和大震不屈服的性能要求,同时也说明该部分构件不是地震作用控制。

大震作用下球幕影院混凝土壳体采用ABAQUS进行弹塑性时程分析。钢结构应力最大值为210 MPa,处于弹性状态。混凝土最大主拉应力为2.26 MPa,钢筋塑性拉应变最大值为0.0021(仅局部区域少数几个单元),大部分区域钢筋未进入塑性。混凝土受压损伤因子最大值为0.18(仅局部区域少数几个单元),大部分区域混凝土未损伤。

从以上分析可知,大震下球幕影院壳体混凝土仅少数几个单元有受压损伤,钢筋进入塑性,可以通过增大边梁配筋解决,大部分区域钢筋未屈服,混凝土受压未损伤,因此可以认为大震下壳体整体不屈服。

3. 中震弹性

框架柱、“三脚架”环梁和立柱的中震性能采用PKPM软件进行计算，地下一层及屋顶层中震下的结果，满足中震弹性的要求。

4. 中震下各层楼板应力分析

二、三层及屋顶层楼板应力最大值分别为 6.6 MPa、7.3 MPa 和 8.5 MPa。除了应力集中区域应力较大外，大部分区域应力小于 3 MPa，按此配筋的配筋率为（材料强度取标准值）：

$$\rho_s=\sigma_{中震}/2f_{yk}=3.0/2\times400=0.38\% \quad (C.1.16\text{-}1)$$

楼板按照⌀10@130 双层双向配筋，满足楼板钢筋中震不屈服的性能目标要求。

5. 结论

经过上述计算分析和采取的抗震措施分析，可以得出以下结论：

（1）本项目结构属于规范未包含的特殊类型复杂结构，无法按照常规建筑各项指标进行超限判定，但是由于结构高度较低（不超过 24 m），控制工况是常规荷载，并不是地震工况。

（2）结构具有较高的冗余度，具有良好的防倒塌性能。

（3）在多遇地震作用下，结构的绝对位移较小，在全楼弹性板计算条件下，最大顶层位移角及层间位移角（按照柱端节点计算）均满足规范 1/800 的限值要求，结构具有较高的抗侧刚度。

（4）结构各部位的抗震性能能够满足预先设定的性能目标的要求。

C.2 上海黄浦区小东门街道 616、735 街坊地块项目 LJG 地块 T1 塔楼[①]

C.2.1 设计资质

（略）

① 本实例由华东建筑设计研究院有限公司提供。

C.2.2 工程概况

本项目由中山南路、王家码头街、外仓桥街／南仓街、东江阴街所围合的 9 个地块组成（不计绿地及保护建筑地块）。L、J、G 地块地上部分由 T1 塔楼、T2 塔楼、L 地块商业裙房、J 地块商业裙房组成。整个裙房平面较长且与三者刚度相差较大，为满足抗震规则性要求及尽量减少超长结构引起的温度应力，设置两条防震缝。地下室部分连成一体，不设置结构缝。L 地块裙房与 T1 塔楼设置防震缝脱开。

本工程 T1 塔楼结构平面形状为带折角的长方形，平面尺寸分别从 F31、F46、F47 层开始沿竖向单侧不对称逐渐内收。建筑高度为 299.85 m，结构高度为 285.45 m，地上 62 层，地下 4 层，其中第 1—5 层为商业，第 6—45 层为办公，第 46—顶层为酒店，周边有幕墙结构包裹，其中部分楼层的典型建筑平面布置见图 C.2.2-1、图 C.2.2-2（其余楼层略）。T1 塔楼地上建筑面积为 164945.6 m^2，建筑尺寸约为 51.3 m × 53 m，结构高宽比约为 5.6。

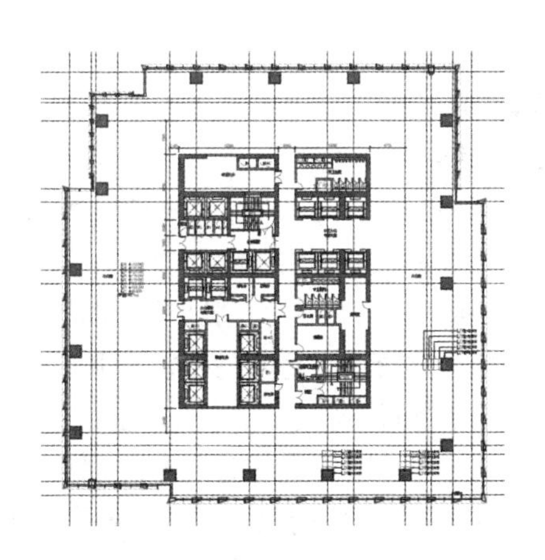

图 C.2.2-1　T1 塔楼第 6—31 层典型建筑平面布置图

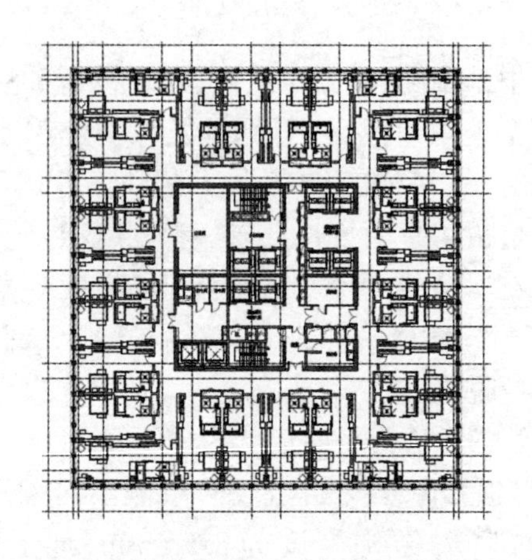

图 C.2.2–2 T1 塔楼第 48—62 层典型建筑平面布置图

C.2.3 设计依据

本项目按国家及上海市地方现行规范、规程及标准进行设计。其他设计资料主要有《小东门 616、735 街坊地块项目（北地块）岩土工程勘察报告》《黄浦区小东门 616、735 街坊地块项目风工程咨询报告》。

C.2.4 结构特征

1. 结构体系

综合考虑办公塔楼结构高度、建筑功能、水平荷载特点、侧向刚度以及舒适度需求、施工可行性、材料便利性以及结构造价等因素，T1 塔楼结构体系采用型钢混凝土框架 ＋ 钢筋混凝土核心筒 ＋ 伸臂桁架结构（图 C.2.4–1），形成由周边框架和内部核心筒以及伸臂桁架组成的抗侧力体系来抵抗水平风荷载和地震作用，竖向承重体系由楼面系统、核心筒、外框柱、悬挑桁架共同组成。楼面荷载通过楼板、楼面梁传递给核心筒与外框柱，然后直接传递给基础。其中，角部大跨度区域，竖向荷载由楼板、楼面梁传递给重力柱，再通过悬挑桁架传递给外框柱，然后直接传递给基础。

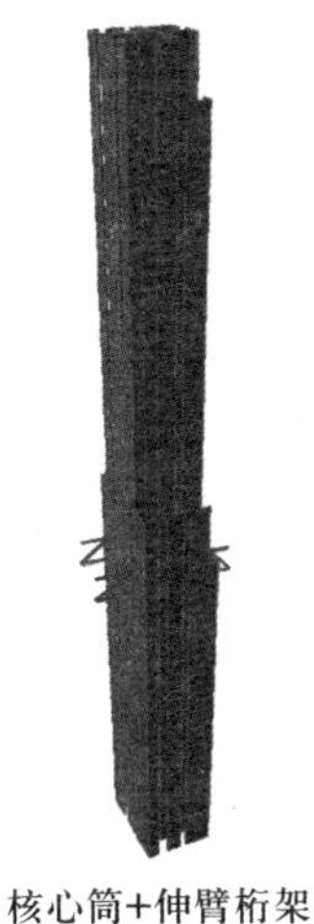

核心筒+伸臂桁架

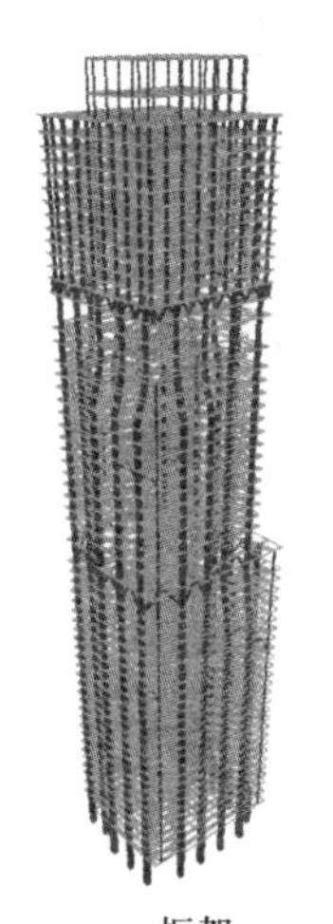

框架

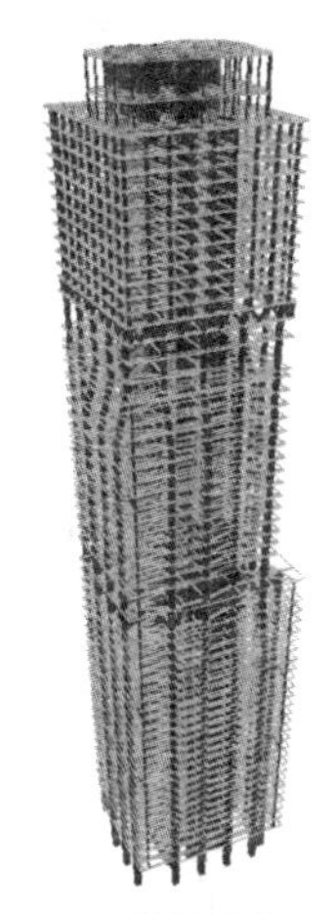

整体结构

图 C.2.4-1　T1 塔楼结构体系

建筑体型特殊,沿高度存在三次不对称收进。外框结构采用斜柱;质心与刚心不重合,扭转效应明显;重力荷载作用下存在附加倾覆力矩,竖向构件受力不均匀。结构的主要特点如下:

(1)为高度超限超高层建筑。

(2)核心筒沿高度不对称收进,刚度突变。

(3)F2 层、F3 层、F47 层、F48 层楼板及楼面梁缺失。

(4)建筑对角部空间要求高,避免角部存在外框柱;采用悬挑桁架加立柱(或吊柱)处理。

(5)外框至核心筒楼面跨度大,达 14 m,且净高要求高。

结构平面形状为带折角的长方形,平面尺寸分别从 F31、F46、F47 层开始沿竖向单侧不对称逐渐内收。底层钢筋混凝土核心筒位于结构正中,核心筒从 F30、F34 层开始沿竖向单侧不对称逐渐内收。各典型楼层结构平面布置见图 C.2.4-2。

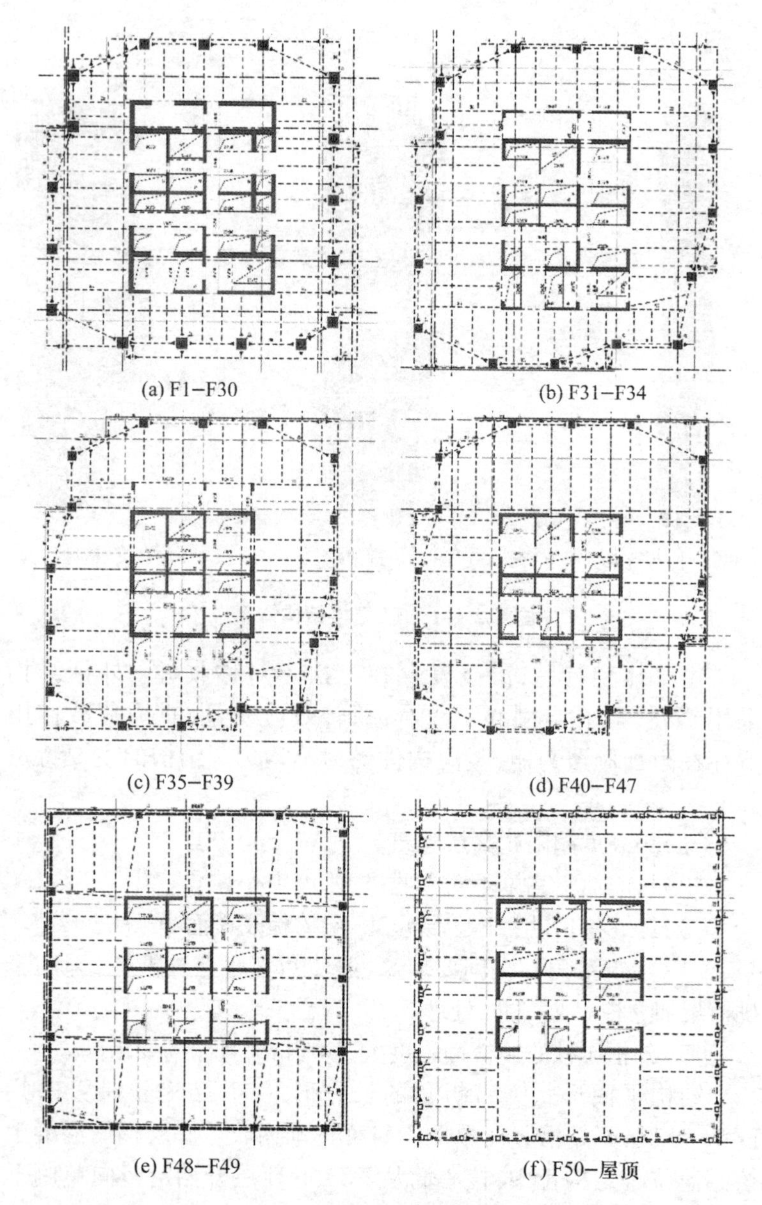

(a) F1−F30

(b) F31−F34

(c) F35−F39

(d) F40−F47

(e) F48−F49

(f) F50−屋顶

图 C.2.4−2　典型楼层结构平面布置图

2. 核心筒

核心筒从基础筏板顶面延伸至结构顶层，贯通建筑全高，容纳了主要的垂直交通和机电设备管道，并承担竖向及水平荷载。核心筒平面呈长方形，在底部楼层平面位置居中，底部尺寸为33 m×25.8 m，高宽比约11。核心筒在F30、F34层存在单侧收进，收进后局部变化为立柱。塔楼核心筒底部加强区高度取至第6层，地面以上高度约28.5 m，占总高度约1/10。重力荷载代表值作用下墙肢轴压比控制在0.50以下。

3. 框架

框架结构由型钢混凝土柱、钢框架梁及环形桁架组成，布置在塔楼的周边，承担结构的水平荷载和竖向荷载，为结构提供部分抗侧刚度和抗扭刚度。型钢混凝土柱含钢率控制在4%～6%。型钢混凝土柱截面底部尺寸为1.8 m×1.8 m，沿高度向上逐渐缩小为1.0 m×1.0 m。为保证型钢混凝土柱的延性，其轴压比控制在0.7以下。依据外框柱轴力大小，确定合理的斜柱斜率，以控制斜柱的水平力。低区斜柱的斜率不大于1∶6；中区斜柱的斜率不大于1∶4。标准层外框梁普通框架梁截面为H900×300×20×35；F2、F2、F3层大部分楼板及外框梁缺失，F4层楼面框架梁加强；F47、F48层部分楼板及外框梁缺失，框架梁加强；F31层框架梁加强；密柱区框架梁截面：H600×400×20×35。

环形桁架结合建筑和机电专业设置在F30层。环形桁架设在塔楼外边缘，承担外框传递的竖向荷载，并作为框架梁与柱形成框架结构抵抗水平力。环形桁架采用钢结构，钢材采用Q345B，通过提高钢材的性能，严格控制杆件的宽厚比，增加环形桁架延性，同时降低用钢量。F1层至F49层为办公区，其柱距为10.5 m，F50层至屋顶层酒店区，其柱距为5.25 m，由于办公区和酒店区功能不同引起的柱网错开，即稀柱变密柱时需设置转换桁架，如图C.2.4-3所示。

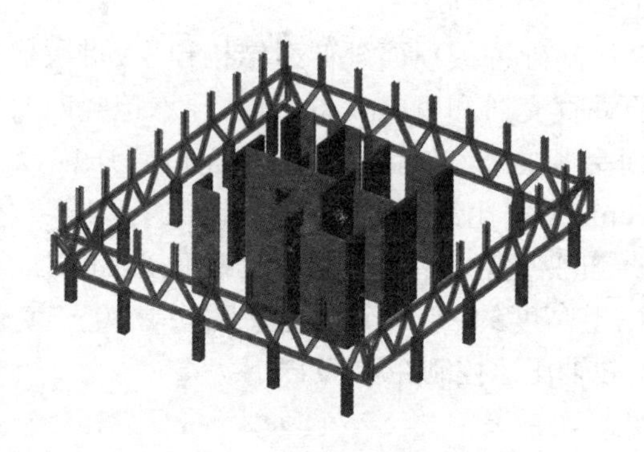

图 C.2.4-3　转换桁架布置示意图

4. 伸臂桁架

为了协调核心筒与外框的变形，提高结构的整体刚度，在F30层设置4道伸臂桁架，如图C.2.4-4所示。伸臂桁架使外框与核心筒共同工作，一起抵抗水平地震和风荷载作用。

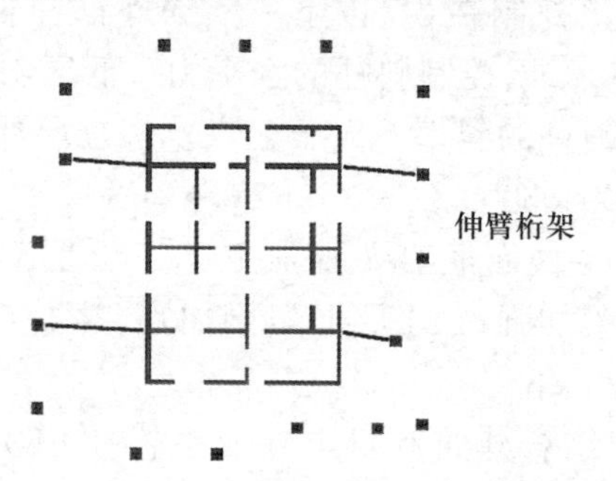

图 C.2.4-4　伸臂桁架布置示意图

5. 悬挑桁架

塔楼角部存在悬挑桁架结构，悬挑长度超过7 m。悬挑结构选型时综合考虑以下因素：净高要求、舒适度要求、经济性要求、建筑空间要求和施工要求。在悬挑区域设置小柱承担悬挑区域的荷载，小柱必须悬挂或立在避难层的转换桁架上，悬挑区域楼面梁为普通梁。悬挑桁架与核心筒连接时采取一定措施避免伸臂桁架作用。

6. 楼盖结构

核心筒内楼盖采用现浇钢筋混凝土梁板结构,核心筒外楼盖结构体系采用钢梁压型钢板(或钢筋桁架)组合楼板。办公区典型梁中距约为 3 m。外框架和核心筒之间的楼面梁采用钢梁,两端铰接,避免外框架和核心筒竖向变形差引起次弯矩。普通楼层核心筒外楼板厚度为 120 mm,核心筒内楼板厚度为 120 mm;设备层和屋面层楼板厚度为 150 mm。为确保水平剪力在核心筒和外框间传递,对环形桁架及伸臂桁架所在楼层的楼板进行加强,楼板厚度为 200 mm。斜柱顶、底所在楼层,平面收进所在楼层,楼板承担一定的水平力,楼板厚度为 150 mm。

7. 地下室

上部主体结构竖向构件,包括周边框架柱和核心筒墙肢均延伸至地下室到底板。塔楼以外的地下室采用现浇钢筋混凝土框架结构。地下室楼板采用现浇钢筋混凝土梁板楼盖体系,首层楼板厚 200 mm,地下室其余各层楼板厚 120 mm。地下室外墙在董家渡路北侧采用复合墙体,由施工阶段的基坑围护连续墙和使用阶段的外墙组成,使用阶段外墙厚度为 800 mm。其余外墙采用两墙合一的地下室连续墙,外墙厚度为 1200 mm。

8. 嵌固端

地下一层抗侧刚度验算的相关范围构件为塔楼外扩三跨以内的墙柱。地下一层 X 向和 Y 向的抗侧刚度与地上一层的刚度比为 2.53 和 2.49,大于规范限值 2.0,因此结构整体计算嵌固部位选取为地下室顶板。

C.2.5 超限的判别

本工程高度超限,具有 6 项一般不规则,超限情况见表 C.2.5-1、表 C.2.5-2。

表 C.2.5–1　高度超限检查

超限类别	最大适用高度	结构高度	超限判断
高度	190 m（7 度，混合框架 – 核心筒）	285.45 m	超限

表 C.2.5–2　一般不规则性超限检查

序号	不规则类别	不规则性定义	超限判断
1a	扭转不规则	考虑偶然偏心的扭转位移比大于 1.2	最大扭转位移比为 1.32
3	楼板局部不连续	开洞面积大于 30%，楼板有效宽度小于典型宽度的 50%	F2、F3、F48 层存在大面积楼板缺失
4a	侧向刚度突变	层刚度小于相邻上层的 70% 或连续相邻上三层的 80%	F29、F31、F48 层刚度不满足
5	竖向抗侧力构件不连续	上下墙、柱、支撑不连续	酒店区外框为密柱，柱距为 5.25 m；办公区为稀柱，柱距为 10.5 m，外框柱上下不连续
7	复杂结构	错层结构，带加强层的结构，大底盘多塔结构，连体结构	带加强层
8	局部不规则	局部的穿层柱、斜柱、夹层	有斜柱

C.2.6　主要设计参数

（1）结构设计基准期及设计使用年限：50 年。

（2）建筑结构安全等级：T1 塔楼重要构件（框架、伸臂 / 环形桁架、核心筒）的建筑结构安全等级为一级，结构重要性系数为 1.1；次要构件（重要构件之外的结构构件）的建筑结构安全等级为二级，结构重要性系数为 1.0。

（3）地基基础设计等级：甲级。

（4）舒适度要求：十年一遇风荷载作用下建筑顶部的加速度限值为 0.25 m/s^2。

C.2.7 抗震设计参数

建筑抗震设防类别为重点设防类（乙类），设防烈度为 7 度（0.1g），IV 类场地，设计地震分组为第一组，多遇地震和中震的特征周期 T_g=0.9 s，罕遇地震的特征周期 T_g=1.1 s，多遇地震和中震时阻尼比取为 0.04，罕遇地震时阻尼比取为 0.05，多遇地震时周期折减系数取 0.9，中震和罕遇地震时周期折减系数取为 1.0。钢筋混凝土核心筒的抗震等级取为特一级，外框柱的抗震等级：加强层及其相邻层为特一级，其他层为一级。

反应谱法计算时地震影响系数曲线采用上海市工程建设规范《建筑抗震设计规程》（DGJ 08—9—2013）第 5.1.5 条规定的曲线。弹性时程分析时采用 2 组天然地震波和 1 组人工波。可根据相关数据制得具体信息表、加速度时程图、反应谱曲线以及在结构前三阶周期点上与设计反应谱的对比图。罕遇地震时的动力弹塑性分析采用上海市工程建设规范《建筑抗震设计规程》（DGJ 08—9—2013）提供的 5 组天然波和 2 组人工地震波 SHW8 ~ SHW14，地震波均采用三向输入（1：0.85：0.65），可得加速度时程曲线以及反应谱与设计反应谱的对比图。

C.2.8 设计准则

T1 塔楼结构高度超过现行行业标准《高层建筑混凝土结构技术规程》（JGJ 3）（以下简称《高规》）关于型钢混凝土框架-核心筒结构最大适用高度要求；建筑体型沿高度存在不对称收进；F2、F3 层楼板缺失较多，使得 F2、F3、F4 为一个结构层，层高与上一层层高差异较大。针对这些特点，设计从整体结构体系优化、关键构件设计内力调整、增加主要抗侧力构件延性等方面进行有针对性的加强及优化。主要技术措施如下：

1. 采用成熟体系，建立多道设防体系，提高整体结构延性

结构整体采用较为成熟且被多项工程成功采用的多道设防

体系:框架 + 核心筒 + 伸臂桁架结构体系;提高外框承担地震剪力比例至不小于 $0.2V_0$;提高结构整体延性,采用型钢柱,核心筒角部及洞口边设置型钢,提高竖向抗侧力构件的延性。

2. 优化结构布置

通过平面及竖向结构合理布置,减小结构质心与刚心之间的距离,从而减小结构扭转效应;减小结构质心与形心之间的距离,从而减小竖向荷载引起的倾覆力矩和结构变形;避免结构竖向刚度突变。

3. 落实性能化设计目标

整体结构及构件将全面融入性能化设计思想,结构抗震性能目标为Ⅲ类;提高关键构件的抗震性能目标,以提高结构整体的安全标准及耗能水平,确保结构延性的充分发挥。

4. 深入全面分析

(1)采用弹性动力时程分析,充分考虑薄弱层对结构整体的不利影响,相应提高结构薄弱部位的设计内力水平,满足相应的水平标准。

(2)采用两种软件进行对比分析,验证计算结果的准确性。

(3)进行大震下的弹塑性动力时程分析,验证在大震下结构抗震性能,并对薄弱部位采取加强措施。

(4)进行非荷载效应分析,了解外框柱和核心筒的竖向绝对压缩变形和相对压缩变形对非结构构件和结构构件产生的影响,并采用多种措施来消除竖向构件压缩变形的影响。

(5)对地震作用下和风荷载作用下的楼板进行应力分析,根据分析结果对特殊部位进行加强。

(6)进行楼板的舒适度分析,确保楼板整体振动和局部振动满足规范要求。

5. 特殊部位加强措施

(1)斜柱及与斜柱相关的水平构件内力分析及主要措施。

①依据外框柱轴力大小,控制斜柱的斜率,底区斜柱的斜率

不大于 1∶6；中区斜柱的斜率不大于 1∶4。

②斜柱上下端所在楼层板厚增至 150 mm，斜柱上下端所在楼层设置楼面支撑或在楼板底部设置钢板，并适当提高楼板配筋率。

③设计时，楼面梁按拉弯及压弯构件设计，楼面梁连接节点考虑竖向剪力和拉力（压力）作用水平剪力。

（2）核心筒收进部位，加强楼板和墙体内型钢，提高核心筒收进部位构件的抗震性能。

（3）底部跨层处，加强框架梁和楼板，并采用地震力放大 1.25 倍的加强措施。对跨层柱进行承载力验算时，框架柱计算长度取跨层后实际高度。

（4）转换桁架提高抗震性能目标至大震不屈服，小震弹性设计时根据规范要求考虑地震内力调整系数。

鉴于本工程的超限水平和结构特点，对抗侧构件实施全面的性能化设计，根据工程的场地条件、社会效益、结构的功能和构件重要性，并考虑经济因素，结合概念设计中“强柱弱梁”“强剪弱弯”和“强节点弱构件”的基本理念，结构总体抗震性能目标按《高规》取为 C 级，各主要抗侧力构件的抗震性能目标如表 C.2.8 所示。

表 C.2.8　抗震性能目标

<table>
<tr><td colspan="3">地震水准</td><td>小震</td><td>中震</td><td>大震</td></tr>
<tr><td colspan="3">性能水准定性描述</td><td>完全可使用</td><td>基本可使用</td><td>修复后使用</td></tr>
<tr><td colspan="3">层间位移角限值</td><td>$h/500$</td><td>—</td><td>$h/100$</td></tr>
<tr><td rowspan="3">构件性能</td><td rowspan="3">核心筒墙肢</td><td>压弯</td><td rowspan="2">规范设计要求，弹性</td><td rowspan="2">不屈服</td><td>轻度损坏，修理后可继续使用</td></tr>
<tr><td>拉弯</td><td>轻度损坏，修复后可继续使用</td></tr>
<tr><td>抗剪</td><td>规范设计要求，弹性</td><td>底部加强区弹性，其他部位不屈服</td><td>满足抗震截面控制条件</td></tr>
</table>

续表 C.2.8

构件性能	核心筒连梁	压弯、拉弯、抗剪	规范设计要求,弹性	允许进入屈服	中度损坏、部分比较严重损坏
	框架柱	一般位置	规范设计要求,弹性	不屈服	轻度损坏,修复后可继续使用
		加强层相邻外框柱	规范设计要求,弹性	弹性	轻度损坏,修复后可继续使用
		转换层相邻外框柱	规范设计要求,弹性	弹性	不屈服
	框架梁		规范设计要求,弹性	允许进入屈服	中度损坏可修复,保证生命安全
	转换桁架 / 悬挑桁架		规范设计要求,弹性	弹性	不屈服①
	环形桁架 / 伸臂桁架		规范设计要求,弹性	不屈服	最不利工况下不引起剪力墙破坏,允许屈服 / 屈曲,中度损坏可修复,保证生命安全
	外框柱转折层楼盖		规范设计要求,弹性	不屈服	轻度损坏,修复后可继续使用
	其他结构构件		规范设计要求,弹性	允许进入屈服	中度损坏可修复,保证生命安全
	节点		不先于构件破坏		

注:①考虑罕遇地震作用下的竖向地震作用。

T1 塔楼在风荷载作用下的层间位移角限值为 1/500,楼盖结构竖向振动频率不宜小于 3Hz,竖向加速度峰值不应超过相关限值。

C.2.9 场地

场地原为居民区,勘察期间场地内原有建筑已基本拆除,场地内局部区域杂草丛生。一般地面标高在 +3.34 ~ +4.54 m。地貌类型为:滨海平原。根据本次勘察资料,场地地基土在勘察深度范围内均为第四系松散沉积物,主要由饱和黏性土、粉性土和砂土组成。拟建场地揭示土层主要为 11 个主要层次及分属不同层次的亚层,其中①、④、⑤层土为 Q4 沉积物,⑥、⑦、⑨层土为 Q3 沉积物,⑩、⑪、⑫、⑬、⑭层土为 Q2 沉积物。根据场地土层分布情况,场地属于滨海平原相土层。经勘察,拟建场地 165 m 深度范围内地层均为第四系松散沉积物,主要由饱和黏性土、粉性土及砂土组成。

对本工程有影响的含水层为浅层的潜水层和深部的承压含水层。根据相关标准并结合本次勘察成果,确定本工程建筑场地类别为Ⅳ类,场地土类型属软弱场地土,因其第四系覆盖层厚度较厚,可不考虑地震设防烈度为 7 度条件下的软土震陷问题,为建筑抗震一般地段。另外,由于本工程 240 m 超高层塔楼需进行抗震设计,故布置了 2 个 100.0 m 波速试验孔。根据试验结果,2B3、2B9 孔地表下 20 m 深度范围内等效剪切波速为 127 ~ 129 m/s,该工程场地的基本周期为 2.14 s,建筑场地内 1B1、1B2 孔不同深度的波速值以及各波速层的土动参数详见波速测试报告。本场地在 20.0 m 深度范围内无成层饱和的砂质粉土或粉砂分布,因此设计时本工程可不考虑场地土的液化问题。

C.2.10 设计荷载

1. 楼、屋面、墙面恒载

(略)

2. 楼面、屋面活荷载

(略)

3. 风荷载

T1 塔楼由于体形特殊、高度大于 200 m,规范不能提供明确的风荷载大小。同时，本项目塔楼之间距离较近，塔楼之间可能存在相互干扰的情况，因此T1塔楼的风荷载作用和楼顶加速度应通过风洞试验来确定。T1塔楼风洞试验在同济大学土木工程防灾国家重点实验室进行，风洞试验采用1∶400的高频测力天平模型，在模拟的边界层风洞中进行吹风试验，模型包括大楼周围600 m半径范围内的主要建筑物。试验风向角间隔为10°，共模拟36个不同风向。可根据相关数据绘制风洞试验所得各楼层等效静力风荷载表、等效静力风荷载的组合系数表。

风洞试验得到的顶层风振加速度最大值为0.199 m/s^2，小于办公建筑风振加速度限值0.25 m/s^2。可得到风洞试验与规范计算的基底剪力和倾覆力矩对比表、楼层剪力和倾覆力矩楼层分布图。X向风洞试验得到的基底剪力和基底倾覆力矩大于规范计算值，Y向风洞试验得到的基底剪力和基底倾覆力矩约为规范计算值的90%，大于现行国家标准《建筑结构荷载规范》(GB 50009)规定计算值的80%，结构设计时根据风洞试验报告结果确定风荷载作用。风荷载位移验算和构件设计时阻尼比取为0.035，舒适度计算时阻尼比取为0.015。

4. 雪荷载

基本雪压值为0.2 kN/m^2。

5. 荷载组合及折减

在进行构件抗震设计承载力验算时，荷载效应组合及其分项系数和组合取最不利组合进行构件的截面设计。在设计墙、柱及基础时，办公室的活荷载可折减。

C.2.11 基础设计概况

T1塔楼采用桩筏基础，桩基持力层为⑨层灰色粉砂。裙房及地下室范围自重不足以平衡水浮力，需要布置一定数量的抗拔桩。基础埋深为25.8 m，相对建筑高度约为25.8/285.45＝1/11＞1/18，满足规范要求。塔楼采用核心筒下布置群桩、外框柱下集中布桩的形式；裙房及地下室范围，采用分散均匀布置抗拔桩,以减小防水板内力。T1 塔楼范围基础底板厚 3500 mm;L、G 地块裙房及大地下室范围基础底板厚 1200 mm,J 地块裙房及大地下室范围基础底板厚 1000 mm,局部柱下加厚,以满足抗冲切承载力验算的要求。

经计算,T1 塔楼中心的基础最大沉降量为 87 mm,满足规范要求。可得底板的冲切验算结果图,结果表明塔楼底板厚度取值合适,能够满足冲切要求。

C.2.12 材料

1. 混凝土

(略)

2. 钢筋、钢材

(略)

3. 钢结构防腐与防火

(略)

C.2.13 软件

整体结构计算采用 ETABS 软件,并采用 MIDAS 对主要整体分析结果进行对比和验证。核心筒剪力墙的承载力验算采用 YJK 软件。大震下弹塑性时程分析采用 ABAQUS 软件。采用 MIDAS 分析非荷载效应。

C.2.14 输入总信息

(略)

C.2.15 主要分析结果

1. 总重量

对塔楼各主要结构构件及荷载进行了统计和分析,结果不包括裙房部分和地下室重量,仅包括主楼塔楼上部结构重量。塔楼重力荷载代表值的 88% 来自结构构件自重与附加恒载。

2. 周期与振型

结构的前 10 阶自振周期及振型制成表格。结构件第一扭转周期与第一平动周期的比值为 0.82,小于规范限值 0.85。

3. 整体稳定和刚重比

结构的刚重比计算结果制成表格。刚重比计算模型为塔楼地上部分,未考虑裙房及地下室部分。整体稳定验算满足《高规》第 5.4.4 条的要求,但小于 2.7,故按规定本工程在弹性计算模型中应考虑重力二阶效应的不利影响,以进行构件承载力验算与结构刚度指标评价。

4. 多遇地震作用下的反应谱分析和 50 年一遇风荷载作用下的分析

1)楼层剪力和倾覆力矩

绘制图表呈现小震作用和风荷载作用下,基底总剪力与各个楼层的层剪力的分布。小震作用下 *X* 向楼层剪力与风荷载相当,*Y* 向楼层剪力略大于风荷载。(绘制的图、表给出了不同方向、不同水准地震作用和风荷载作用下,基底总倾覆力矩与各个楼层的层倾覆力矩的分布。)小震作用下 *X* 向楼层倾覆力矩略小于风荷载,*Y* 向楼层倾覆力矩与风荷载相当。

2)剪重比

根据规范反应谱计算结构剪重比,绘制成图。结构 *X* 向基底剪重比为 0.0148,*Y* 向基底剪重比为 0.0155,均满足规范限值要求。

3)位移

所有楼层在地震作用和风荷载作用下的层间位移角分布:X 向和 Y 向的最大值分别为 1/547 和 1/575,均小于 1/500,满足规范要求。底层层间位移角为 1/2463,小于 1/2000,地震层间位移角大于风荷载作用下的层间位移角。

4)楼层剪力与倾覆力矩分配

绘图呈现小震作用下外框与核心筒承担的楼层剪力与倾覆弯矩的比较。混凝土核心筒承担了大部分的楼层剪力。*X* 向外框承担的楼层剪力与底部总剪力的比值为 5% ~ 21%,*Y* 向外框承担的楼层剪力与底部总剪力的比值为 6% ~ 21%。不满足的楼层按结构底部总地震剪力标准值的 20% 和框架部分楼层地震剪力标准值的 1.5 倍二者中的较小值进行调整。

X 向外框在底部楼层内承担的倾覆弯矩比例约为该层总倾覆力矩的 34%，*Y* 向外框在底部楼层内承担的倾覆弯矩比例约为该层总倾覆力矩的 26%。

5. 多遇地震作用下的弹性时程分析

制表以呈现各组时程波下基底剪力值及其与反应谱分析结果的比值，可知每条时程波基底反力与反应谱结果的比值在 75% ~ 103%，满足规范 65% ~ 135% 的要求。其比值的平均值在两个方向分别为 90% 与 87%，满足规范在 80% ~ 120% 的要求。

绘图以分别呈现 X 向与 Y 向，各组地震波进行时程分析后的层剪力及其包络值与反应谱分析的层剪力的比较，可知 *X* 向 F3—F28 层及 *X* 向与 *Y* 向 F37—F62 层时程分析的层剪力包络值要比反应谱大，并制相应的包络值与反应谱比值表。反应谱分析时结构高区的一些高阶振型的响应没有完全体现，因此在构件设计时，需要对相应楼层的反应谱计算结果按照该表进行放大，以确保结构安全。

绘制图表以呈现各组地震波输入时 X 向与 Y 向的层间位移角分布，X 向和 Y 向各层的最大层间位移角分别为 1/569、1/575，均小于限值 1/500。

6. $P-\Delta$ 效应

采用基于荷载的迭代分析方法，分析 $P-\Delta$ 效应的影响并制成表格。结果表明，考虑 $P-\Delta$ 效应后，整个结构的抗侧刚度变小，结构周期变长约 3%。此外，结构位移也有所增加，最大值均在 6.0% 以内。

7. 两个软件的计算结果对比

可得 ETABS 和 MIDAS 的计算结果对比表。两套软件计算出的结果吻合良好，均可在设计中使用。

C.2.16 结构构件验算

1. 基本原则

本工程对不同构件提出了不同的抗震性能设计目标,结合风荷载作用下构件的受力特点,分别对小震弹性、中震不屈服、中震弹性和大震不屈服四类水平力对应的计算参数列于表中。小震作用下各构件的内力调整系数列于表中。

2. 办公区框架柱

考虑地震作用和风荷载作用的荷载组合下各层框架柱的轴压比沿高度的分布,绘制成图,均小于限值0.65。对框架柱在中震作用下的拉力进行验算,分析结果表明,在加强层附近楼层(F24—F29层)角柱受拉力作用,最大净拉力出现在F29层,约为7581 kN。经验算,钢骨的受拉承载力远超角柱所受净拉力。根据性能目标要求对从底部到顶部的框架柱进行了全面的压弯、拉弯承载力验算。按平截面假定,采用ANSYS有限元软件计算,截面内力提取自ETABS模型。验算时,提取所有框架柱每层的内力,并对轴力和弯矩按剪重比要求、外框剪力比要求、强柱弱梁等要求进行调整,并考虑时程分析的结果,对局部楼层柱的内力放大。

3. 酒店区框架柱

酒店区框架柱采用钢柱。各钢柱应力比的验算结果绘制成图,表明各钢柱满足预定的抗震性能目标和风荷载组合作用下承载能力要求。

4. 剪力墙

墙肢轴压比、中震不屈服拉应力和正截面承载力按组合墙肢计算,墙肢抗剪承载力按单肢墙验算。验算的结果绘制成图,表明核心筒墙肢轴压比均小于0.5,满足规范限值要求。剪力墙按中震弹性设计,根据《高规》第3.11.3条第4款公式(3.11.3)验算在大震不屈服组合下剪力墙截面的条件,各墙肢的剪压比结果绘制成图,可知所有墙肢均满足大震不屈剪力组合下的抗剪截面条件要求。在中震不屈服下，各墙肢全截面由轴力产生的平均名义拉应力绘制成图，可知：在中震不屈服组合作用下，局部墙肢出现了拉力，最大墙肢拉应力为 1.91 f_{tk}，均小于 2 倍的混凝土抗拉强度标准值，满足要求，可通过增加配筋来加强。核心筒剪力墙的承载力验算结果均满足要求。

5. 连梁

根据性能目标要求进行了连梁截面限制条件、正截面承载力和斜截面承载力验算。本工程的连梁截面限制条件与承载力主要由风荷载作用组合控制，截面验算结果列于表中，结果表明满足相关标准要求。

6. 伸臂桁架

伸臂桁架抗震目标为中震不屈服。竖向荷载及风荷载组合下，伸臂桁架所有构件设计内力放大 1.1 倍。应力比验算结果表明，满足预定的抗震性能目标和风荷载组合作用下承载能力要求。构件宽厚比验算满足规范要求，具体结果列于表中。

7. 环形桁架

外围环形桁架抗震目标为中震不屈服。小震组合下，构件设计内力放大 1.5 倍。竖向荷载及风荷载组合下，构件设计内力放大 1.1 倍。应力比验算结果表明，满足预定的抗震性能目标和风荷载组合作用下承载能力要求。构件宽厚比验算满足规范要求，具体结果列于表中。

8. 转换桁架

转换桁架抗震目标为中震弹性，大震不屈服。小震组合下，构件设计内力放大 1.5 倍。竖向荷载及风荷载组合下，构件设计内力放大 1.1 倍。应力比验算结果表明，满足预定的抗震性能目标和风荷载组合作用下承载能力要求。构件宽厚比验算满足规范要求，具体结果列于表中。

9. 框架梁

框架梁抗震目标为小震弹性。按照《高规》第 11.1.6 条及第

9.1.11 条的规定，框架梁内力按照相关要求进行调整。钢框架梁小震和恒荷载、活荷载、风荷载组合下的构件应力比绘制成图，可知均满足要求。

10. 悬挑桁架及立（吊）柱

悬挑桁架抗震目标为中震弹性，大震不屈服。吊柱（立柱）抗震目标为小震弹性。竖向荷载及风荷载组合下，悬挑桁架所有构件设计内力放大 1.1 倍。应力比验算结果表明，满足预定的抗震性能目标和风荷载组合作用下承载能力要求。悬挑桁架的变形验算（结果略）亦满足要求。

C.2.17 罕遇地震分析

1. 分析方法

采用 ABAQUS 进行动力弹塑性分析。混凝土材料采用弹塑性损伤模型，混凝土受拉、受压损伤系数分别由 d_t 和 d_c 表示，混凝土受拉和受压的材料本构关系绘制成图。钢材采用二折线动力硬化模型。梁、柱、斜撑等线构件，采用截面纤维模型单元 B31。根据工程在施工建造及使用过程中的实际情况，整个分析过程分为施工加载计算、“附加恒荷载 +0.5 活荷载”加载计算、地震波时程计算三个部分。地震波的加速度峰值取为 200 cm/s^2，水平主、次和竖向地震波加速度峰值比为 1.0∶0.85∶0.65。阻尼比取为 0.05。

2. 结构抗震性能评价指标

结构总体的变形要求为：层间位移角≤1/100。在构件层次，采用基于损伤因子和塑性变形等参数对钢筋混凝土构件进行性能评价，主要结合现行国家标准《建筑抗震设计规范》（GB 50011）和现行行业标准《高层建筑混凝土结构技术规程》（JGJ 3）对构件破坏程度的描述，建立各个性能水平的量化参数，同时给出与 FEMA 中相关性能水准的大致对应关系并列于表中。

3. 施工加载过程计算

在分析过程中结构构件随着施工阶段的进行逐步被引入

模型，相应的恒荷载也同时被引入计算模型。在施工阶段完成之后，再把 0.5 倍的活荷载施加在整体结构上进行“附加恒荷载 +0.5 活荷载”的荷载工况计算。在后续的地震分析中，重力荷载代表值（附加恒荷载 +0.5 活荷载）一直作用在结构上。在本工程的分析中，每 1 个楼层采用 1 个施工步，施工步完成后，对结构进行“附加恒荷载 +0.5 活荷载”加载，共有 63 个加载步。各施工（加载）步完成后结构的竖向位移绘制成图。施工加载完成后，结构的最大竖向位移为 −46.2 cm，发生在 1 层楼板悬挑处。

4. 地震反应计算结果

7 组地震波作用下结构在 *X* 向、*Y* 向两个主方向基底剪力平均值分别为 133332 kN 和 144906 kN，对应的剪重比分别为 6.05% 和 6.57%，相对于弹性分析折减系数分别为 64.95%、69.00%。每组地震波作用下结构的层间位移角及其对应的楼层号见表 C.2.17。该结构在 *X* 向、*Y* 向两个方向最大层间位移角均满足层间位移角≤ 1/100 的限值要求。

表 C.2.17　每组地震波对应的结构层间位移角最大值

类型	地震波组	*X* 向		*Y* 向	
		位移角	层号	位移角	层号
天然波	NRX1.1−3	1/201	47	1/158	46
	NRX1.1−4	1/120	49	1/112	46
	NRY1.1−5	1/110	49	1/108	47
	NRX1.1−6	1/136	49	1/120	46
	NRX1.1−7	1/119	47	1/91	47
人工波	AWY1.1−1	1/126	46	1/129	46
	AWY1.1−2	1/147	49	1/154	46
平均值		1/134	49	1/124	46

下面给出结构各主要构件的塑性变形和抗震性能评价结果，并以响应与平均值较接近的地震波 NRX1.1—4 输入时的结果为例予以说明。

（1）剪力墙。核心筒连梁首先开裂，破坏明显，墙体底部、中部墙体缩进处和斜柱至加强层处的墙体整体损伤较为严重；连梁损伤首先出现在中上楼层，随后逐渐向下发展。连梁钢筋总体塑性发展程度较轻，最大塑性应变为 1.20×10^{-3}，轻微损坏。连梁混凝土出现刚度退化后，形成较好的耗能机制，有效保护了主体墙肢。

（2）框架柱。钢柱出现塑性主要为结构顶部的钢柱，最大塑性应变为 7.714×10^{-3}，中度损坏，其余钢柱轻度或轻微损坏。型钢混凝土柱整体受力性能良好，混凝土未出现受压损伤，无损坏；柱中型钢未出现塑性应变，型钢完好；少量钢筋在柱顶出现塑性，最大塑性应变为 1.449×10^{-3}，小于1倍钢筋塑性应变，钢筋基本完好。斜柱混凝土未出现受压损伤，无损坏；柱中型钢未出现塑性应变，型钢完好；仅有一根斜柱钢筋出现塑性，最大塑性应变远小于1倍钢筋塑性应变，钢筋基本完好。型钢混凝土柱以及斜柱抗震性能良好。角部铰接钢柱仅有1根底部出现受拉塑性，最大塑性应变为 1.695×10^{-4}，小于1倍钢材塑性应变，钢柱基本完好。

（3）加强层钢桁架。仅有F46层处的加强层钢桁架2根杆件进入塑性，最大塑性应变为 3.157×10^{-4}，小于1倍钢材塑性应变，加强层钢桁架基本完好。

（4）钢梁。钢梁塑性应变主要集中在吊柱吊顶和斜柱处的F41、F42和F43层处。最大塑性应变为0.0682，钢梁严重损坏，其余大部分钢梁轻度或轻微损坏。

（5）楼板。提取加强层处的楼板第25层、第26层、第46层以及第47层楼板的损伤，查看楼板受拉压情况以及钢筋塑性应变。可以看到，楼板受拉损伤明显，楼板在剪力墙转角及洞口附近出现一定的受压损伤和楼板钢筋塑性变形，最大塑性应变约为8倍屈服应变，楼板少数钢筋损坏比较严重。各层楼板在拉裂后仍然可承担竖向荷载，不会出现垮塌现象。

（6）增加部分墙体约束边缘构件配筋后墙体损伤情况。由于原结构墙体损伤较大，故对损伤较大的墙体加大配筋率，以满足罕遇地震下的抗震性能要求。本例对损伤较大墙体的边缘构件配筋率给予加强。基于墙体边缘构件不同配筋率的对比分析，选出了相对比较合理经济的墙体边缘构件配筋率，具体需加强墙体边缘构件的部位以及需增加的配筋率以图呈现。由墙体的损伤情况可知，墙体底部、墙体缩进处和斜柱至加强层处的小部分墙体中度损坏，其余墙体轻度或轻微损坏。墙体钢筋最大塑性应变出现在中部墙体缩进处，为 9.374×10^{-3}，属中度损坏。但墙体边缘构件的钢筋塑性应变普遍较小，最大仅为 1.818×10^{-3}，约为1倍钢筋塑性应变，属轻微损坏。因此，部分墙体在边缘构件增加配筋后的损伤情况满足要求。

C.2.18 特殊部位分析

1. 沿高度不对称收进影响分析

结构平面形状为带切角的长方形，平面尺寸分别从F31、F46、F47层开始沿竖向单侧不对称逐渐内收。底层钢筋混凝土核心筒位于结构正中，核心筒从F30、F34层开始沿竖向单侧不对称逐渐内收。本处重点分析因竖向不对称收进产生的倾覆力矩对整体结构侧向变形的影响（如楼层位移、层间位移角）。建筑体型及核心筒收进绘制成图。因建筑体型及核心筒沿高度不对称收进，使得累计质心与每层所有竖向收件形心不重合，绘制成图。将 X 向、Y 向在竖向荷载作用、小震及风荷载作用下产生的倾覆力矩对比绘制成图。竖向荷载作用下的倾覆力矩近似为质心对所有竖向构件的形心产生的力矩。

在竖向荷载作用下，结构屋顶水平位移约为28 mm，约为结构总高的1/10190，与允许的施工竖向偏差1/1000相比很小。在竖向荷载作用下，结构最大层间位移角为 1/1709。

2. 斜柱水平分力分析

因立面收进，采用斜柱过渡。依据外框柱所承受的轴力大小，分别采用不同的斜率。以底区斜柱 1 为例，不考虑楼板的刚度，计算分析斜柱的水平分力（即斜柱相连楼面梁段的轴力）。在不考虑楼板的刚度前提下，得到斜柱及相邻上下层楼面梁水平力并绘制图表。最大压力为 8833 kN，在 F29 层位置，最大拉力为 1355 kN，在 24 层位置。针对斜柱采取以下措施：

（1）依据外框柱轴力大小，控制斜柱的斜率，底区斜柱的斜率不大于 1∶6；中区斜柱的斜率不大于 1∶4；顶区斜柱的斜率不大于 1∶2.5。

（2）斜柱范围及上下相邻楼层楼板采取弹性楼板计算，并将楼板厚度增大至 150 mm，并适当提高楼板配筋率，提高楼板传递水平力的性能。

（3）在斜柱上下端所在楼层靠近斜柱范围的楼板设置楼面支撑或在楼板底部设置钢板，提高楼面在水平力作用下的承载能力。

（4）设计时，拉梁与核心筒腹板墙相连，楼面梁按拉弯及压弯构件设计，楼面梁连接节点考虑竖向剪力和拉力（压力）作用水平剪力，绘制节点示意图。

3. 底部楼层大开洞分析

T1 塔楼结构在 6.000 m 标高（F2 层）和 12.000 m 标高（F3 层）存在大面积楼板缺失以及周边外框梁缺失，使得 F2、F3 层不能成为结构层，为此将 F2、F3、F4 层一起定位一个结构层。为考察外框梁及楼板存在对结构层间刚度的影响，对比了两组模型。MOD-A 为实际受力模型，6.000 m 标高（F2 层）和 12.000 m 标高（F3 层）外框梁及楼板缺失；MOD－B 在 MOD－A 基础上，在 6.000 m 标高（F2 层）和 12.000 m 标高（F3 层）增加外框梁和楼板。

绘制风荷载作用下层间位移角的比较图，MOD-A 和 MOD-B 两种分析模型对应的结果基本相同，沿楼层的位移曲线和层间位移角曲线基本重合，表明楼板刚度缺失对底部刚度影响不大。针对 F2、F3、F4 层一起定位一个结构层，采取以下措施：

（1）加强 F4 层的外框梁及楼板，楼板厚度为 150 mm。

（2）将 F1—F4 层作为软弱层，地震力放大 1.25 倍。

（3）对跨层柱进行承载力验算时，框架柱计算长度取跨 3 层高度（17.5 m）。

4. 酒店功能区外框不闭合及楼板缺失的影响分析

T1 塔楼结构在 224.200 m 标高（F47 层）和 229.700 m 标高（F48 层）存在楼板面积楼板缺失以及周边外框梁缺失。为考察外框梁存在对结构层间刚度的影响，对比了两组模型。模型 A 为实际受力模型，224.200 m 标高（F47 层）和 229.700 m 标高（F48 层）外框梁及楼板缺失；模型 B 在模型 A 基础上，在 224.200 m 标高（F47 层）和 229.700 m 标高（F48 层）增加外框梁和楼板。

绘制风荷载作用下层间位移角的比较图，模型 A 和模型 B 两种分析模型沿楼层的层间位移角曲线基本重合，表明楼板刚度缺失对整体刚度影响不大。针对 F47 层和 F48 层应采取相应的措施：加强 F47 层和 F48 层的外框梁及楼板，楼板厚度为 150 mm，框架梁高度加大为 1200 mm。

5. L30 层刚度突变分析

原 T1 塔楼核心筒只于 L30 层以上收进一次。结构层间位移角在 L30 层处产生较大突变，说明结构在 L30 层存在较大的刚度突变。引起 L30 层刚度产生较大突变的主要原因为：核心筒在 L30 层三边收进；L30 层设置了伸臂桁架；L31 层层高高达 9 m。分析 4 个模型不同突变区域的结构布置，研究不同布置对刚度突变的影响情况，并提出相应的措施减小刚度突变。

分析不同模型在 50 年 X 向风荷载下的层间位移角，模型 2、3、4 在 L30 层的刚度突变相较于模型 1 都有减小，说明以上三种

原因都造成了L30层较大的刚度突变。综合以上分析结果以及建筑要求,采取以下措施来减少L30层刚度突变:

(1)将原L30层X向收进墙体延伸至L34层收进。

(2)竖向构件变截面位置避开收进区域。

(3)减小收进墙体尺寸,对收进墙体开洞等。

(4)L29层按薄弱层设计,地震力放大1.25倍。根据弹塑性时程分析结果,加强收进处墙体内型钢,验证罕遇地震下核心筒收进部位构件的抗震性能。

采取上述措施后,对比层间位移角分布,L30层处层间位移突变明显改善,刚度分布比较均匀。

6. 伸臂桁架效率分析

(略)

7. 楼板舒适度分析

采用ETABS进行楼板自振频率与在行走激励下的振动分析。为考察悬挑角部楼板的振动,取结构悬挑跨度最大的一层即F30层为分析对象,将柱脚和核心筒底部铰接。根据整体模型建立一层的模型,并按实际的楼盖布置布上次梁。对楼板按壳单元建模,并进行网格划分,每格长度约1 m。根据ETABS计算得到的楼板一阶频率为3.21 Hz,满足不小于3 Hz的要求。

人的行走是由连续步伐所组成的,且具有一定的周期性,当人的步频接近结构的自振频率时,结构将发生共振。计算时需将人行激励施加在振型的中心进行时程分析,即结构的竖向第一振型的最大位移处。一阶振型最大位移处在悬挑梁悬挑最多的地方,因此将人行激励施加在此位置。绘制人行激励施加点的竖向加速度响应曲线表明,楼面的最大竖向加速度峰值为0.029 m/s^2,低于规范限值0.057 m/s^2,满足设计要求。

8. 14 m高女儿墙结构的鞭梢效应分析

为了得到14 m高女儿墙结构的鞭梢效应,对含有14 m高女儿墙结构的整体模型进行弹性时程分析。输入与前面时程分析相同的 3 组地震波,得到女儿墙结构支座节点处的最大加速度响应与输入加速度的比值,由此可以计算出鞭梢效应引起的地震作用放大系数。综合以上分析并偏于安全的考虑,考虑鞭梢效应,单独模型分析中,水平地震作用放大系数取为 2.7。

9. 楼板应力分析

通过分析楼板的应力分布图,得出楼板受力集中与相对薄弱的部位,为楼板的构造加强提供依据。绘制在中震与风荷载作用下伸臂桁架、环形桁架加强层(F30、F31)的楼板剪应力分布图,加强层楼板厚度为 200 mm,采用 C35 混凝土,其中钢板厚度为 10 mm,钢板采用 Q345B。从应力分布图中可得出如下结论:200 mm 厚纯混凝土楼板最大剪应力约为 6.5 MPa,如果楼板剪力全部由 10 mm 厚钢板承担,换算成钢板剪应力为 130 MPa,小于钢板的抗剪强度 180 MPa。

通过分析竖向荷载、中震与风荷载作用下,典型斜柱顶、底楼层(F46、F43)楼板的正应力分布图得出楼板受力集中与相对薄弱的部位,为后续施工图楼板的配筋提供依据。斜柱顶、底楼层楼板厚度为 150 mm,采用 C35 混凝土。绘制并分析竖向荷载下楼板的正应力分布图,斜柱水平分力引起的楼板最大拉应力为 2.8 MPa,在斜柱上下端所在楼层靠近斜柱范围的楼板底部设置钢板,钢板厚度为 6 mm,钢板采用 Q345B。拉力全部由 4 mm 厚钢板承担,换算成钢板拉应力为 105 MPa,小于钢板的抗拉强度 310 MPa。绘制并分析中震作用下楼板的正应力分布图,最大拉应力为 0.96 MPa,小于混凝土抗拉强度 1.57 MPa。绘制并分析风荷载作用下楼板的正应力分布图,最大拉应力为 0.38 MPa,小于混凝土抗拉强度 1.57 MPa。

C.2.19 非荷载效应分析

1. 概述

本工程结构体系为框架核心筒结构。在结构的施工和正常使用阶段,由于内部核心筒和外部框架在材料、几何形态和受力状态上的差异，两部分之间会产生一定的轴向变形差。根据变形的性质不同，竖向构件在竖向荷载作用下的变形主要由两部分构成：一部分是由重力荷载、温度和基础沉降产生的弹性变形；另一部分是由混凝土收缩和徐变产生的非弹性变形。非荷载作用就是指混凝土收缩和徐变产生的效应。

2. 分析与设计依据

采用MIDAS程序分析本工程的非荷载效应。计算时采用以下假定：

（1）暂不考虑施工过程的活荷载。

（2）施工过程按核心筒施工进度优先外框10层考虑，施工进度以10层为一施工阶段，5天完成一层，伸臂桁架最后安装。

（3）自重在本阶段施工过程中同时施加，附加恒荷载和活荷载在结构施工全部完成以后施加。

收缩徐变模型采用CEB－FIP（1990）规范中的模型，考虑外框柱、核心筒混凝土的收缩徐变效应。

3. 分析结果

分别提取结构施工完成且活荷载施加后1年和10年两个时刻的核心筒与外框柱的竖向累积变形。根据施工进度，某一楼层的竖向压缩变形可考虑在两个阶段产生，即在该楼层施工结束时的压缩变形，以及在该楼层施工完成之后产生的压缩变形。在上述两种变形中，仅楼层施工完成后的压缩变形会引起该楼层水平构件的附加内力。

绘制并分析核心筒墙肢WA在结构封顶、活载加载完毕后1年和10年后的累积竖向变形图，可知，核心筒在结构封顶、活载加载完毕后1年和10年后的累积竖向变形分别是47.8 mm和72.9 mm，弹性变形均为23.8 mm，徐变变形分别是12.8 mm和19.2 mm，收缩变形分别是11.2 mm和29.9 mm。1年后产生的累积变形占10年后产生的累积变形的65%，因此可按1年的竖向变形量来预设施工阶段的变形值。

绘制并分析外框柱Z1在结构封顶、活载加载完毕后1年和10年后的累积竖向变形图，可知，外框柱在结构封顶、活载加载完毕后1年和10年后的累积竖向变形分别是71.2 mm和95.3 mm，弹性变形均为41.5 mm，徐变变形分别是22.0 mm和32.5 mm，收缩变形分别是7.8 mm和21.3 mm。1年后产生的累积变形占10年后产生的累积变形的75%，按1年的竖向变形量来预设施工阶段的变形值。

本工程中竖向构件设计合理，内筒外框累积竖向变形差异较小，绘图分析结构封顶、活载加载完毕后1年和10年后，核心筒墙肢与外框柱之间的变形差异。结构封顶、活载加载完毕后1年和10年，49F内筒外框之间的竖向变形差分别为28 mm和32 mm。是否考虑混凝土收缩徐变的影响时，结构在竖向荷载下的层位移。可以看到，考虑收缩徐变时，结构层位移有一定的增大。

竖向构件压缩变形影响可分为绝对压缩变形影响和相对压缩变形影响。外框柱和核心筒的竖向绝对压缩变形主要对幕墙、隔墙、机电管道和电梯等非结构构件产生影响，特别是对幕墙体系。由于累积效应，幕墙体系上下支承存在较大的由于竖向构件压缩变形引起的相对变形量。外框柱和核心筒的竖向差异变形将影响楼屋面的水平度，在联系外框柱和核心筒的水平构件（如楼盖梁）中引起附加内力，从而导致竖向构件内力的重分布。对竖向构件而言，混凝土的收缩徐变将引起混凝土承担的部分荷载转移至钢筋或钢材。此外，竖向构件的收缩徐变将导致建筑楼面标高的变化。由于累积效应，顶部楼层楼面标高的变化尤为显著。

在设计阶段采取以下措施消除竖向构件压缩变形的影响：

（1）在混凝土材料，尤其是高强混凝土的配合比方案设计中，兼顾混凝土强度、耐久性、体积稳定性、工作性、环保性和经济性的综合要求。通过多目标优化设计确定最佳混凝土配合比，严格控制混凝土的体积稳定性,减小收缩和徐变变形。

(2)连接内、外筒的钢梁用全铰接方式连接,以清除混凝土施工期间较大的收缩徐变影响。

(3)在进行施工方案设计时,尤其是伸臂桁架的施工,应考虑释放竖向差异变形引起的附加变形和内力影响。

(4)控制外框柱的压变力水平,适当增加外框柱的含钢量,增加外框柱的配筋量。

(5)在塔体上部楼层混凝土板而内筒采用柔性材料分隔,以保证楼板结构安全。

(6)采用具有良好弹性和韧性的填充材料与结构构件进行连接。

(7)针对不可避免的混凝土收缩缝变形引起的变形影响问题,采取在建筑施工期间结构不同高度处的层高预留不同的后期缩短变形的余量的方法,保证电梯等设备的后期正常使用。

(8)在施工和使用期间,建立一套完善的变形监测系统,并在施工期间根据监测数据随时调整后期的预留量。

C.3 上海博物馆东馆①

C.3.1 设计资质

(略)

C.3.2 工程概况

上海博物馆东馆项目位于上海浦东新区杨高南路、世纪大道、丁香路交汇处的花木10街坊地块北侧(10—03A)地块。本项目地上六层、地下二层,建筑高度为45 m,总建筑面积为10.7万m^2。首层层高为10.5 m,主要功能为展示陈列、开幕式大厅和提供公共服务等;二—四层层高为7.5 m,主要功能为展

① 本实例由同济大学建筑设计研究院(集团)有限公司提供。

示陈列、文物库房；五层层高为 5 m，主要功能为业务研究、图书中心；六层层高为 4.5 m，主要功能为管理保障、主题餐厅。地下一层东侧设有与地铁及周边地块相连接的地下通道，地下一层西侧为后勤保障、设备用房及卸货场地和货运车库，地下二层为机械车库及设备用房。一层建筑平面布置及剖面如图 C.3.2-1、图 C.3.2-2 所示。

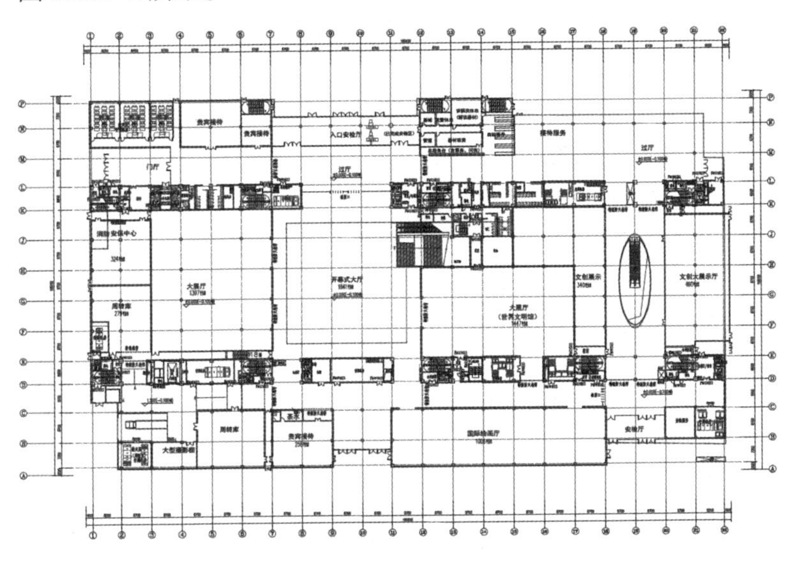

图 C.3.2-1　一层建筑平面布置图

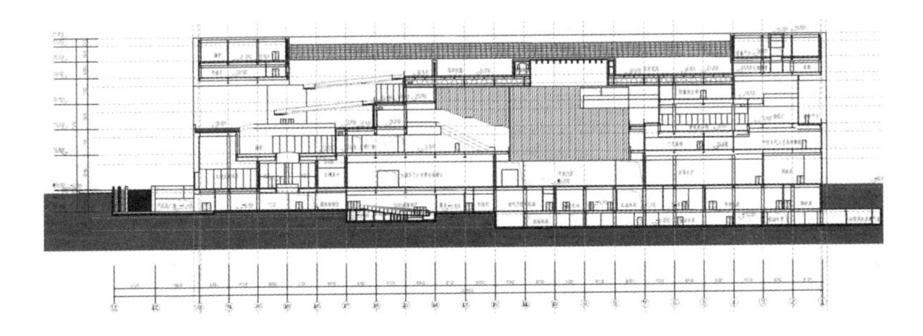

图 C.3.2-2　建筑剖面图

C.3.3 设计依据

本项目按国家及上海市地方现行规范、规程及标准进行设计。

C.3.4 结构特征

1. 项目特点

（1）本项目为特大型博物馆，设计使用年限为 100 年，地震作用需放大 1.3 ~ 1.4 倍。

（2）博物馆馆藏文物珍贵，应采用有效措施保护藏品在地震作用下不受损坏。

（3）内部空间丰富，结构存在多处无柱大空间，竖向贯通柱较少，角部存在大跨度及大悬挑桁架。

2. 结构体系选型

基于本项目的特点，为保证结构在地震作用下具备良好的抗震性能，初步阶段对本结构提出了两种抗侧力体系进行对比：刚性方案、消能减震方案。

刚性方案采用“型钢混凝土柱 + 钢梁 + 钢支撑”结构体系，通过采用加大构件截面尺寸的方法来满足结构变形和承载力需求。消能减震方案在刚性方案的基础上，将抗侧钢支撑替换为屈曲约束支撑，并结合建筑功能设计，在合适位置增设黏滞阻尼墙，形成“型钢混凝土柱 + 钢梁 + 黏滞阻尼墙 + 屈曲约束支撑”结构体系。黏滞阻尼墙在 X 向共布置 32 片，Y 向共布置 55 片。消能减震方案结构典型平面布置如图 C.3.4-1 所示，立面布置如图 C.3.4-2 所示。黏滞阻尼墙在小、中、大地震作用下均发挥耗能作用，耗散地震能量，减小主体结构所受地震作用；屈曲约束支撑在小、中震下提供刚度，保证结构变形在规范限值范围以内，在大震下屈服耗能。通过黏滞阻尼墙与屈曲约束支撑的组合使用，保证结构具有足够的整体刚度以及良好的耗能机制。

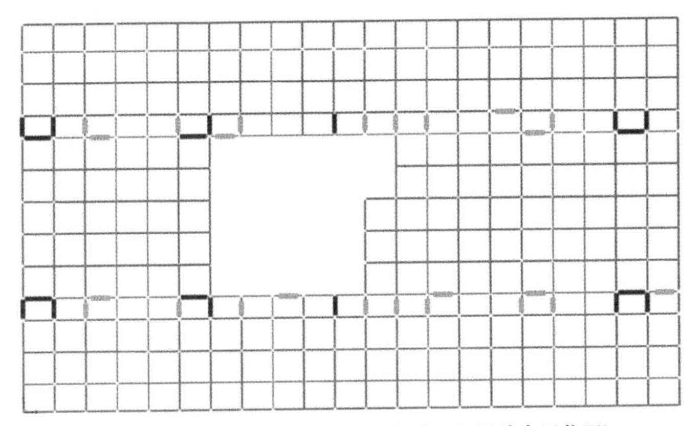

(a) 一层结构平面布置(屈曲约束支撑和阻尼墙布置位置)

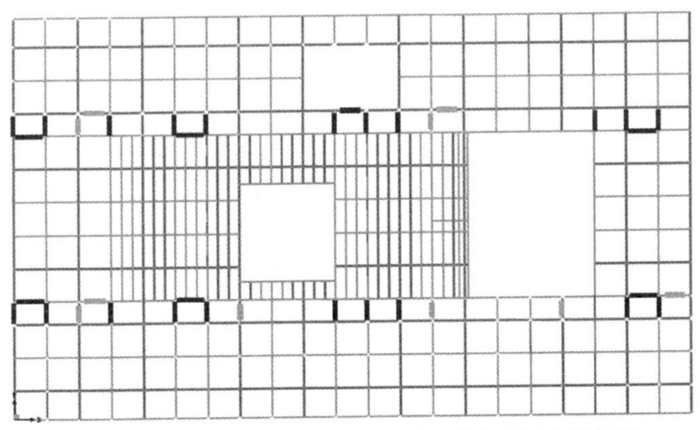

(b) 四层结构平面布置(屈曲约束支撑和黏滞阻尼墙布置位置)

图 C.3.4-1　消能减震结构典型平面布置图

（黏滞阻尼墙 屈曲约束支撑）

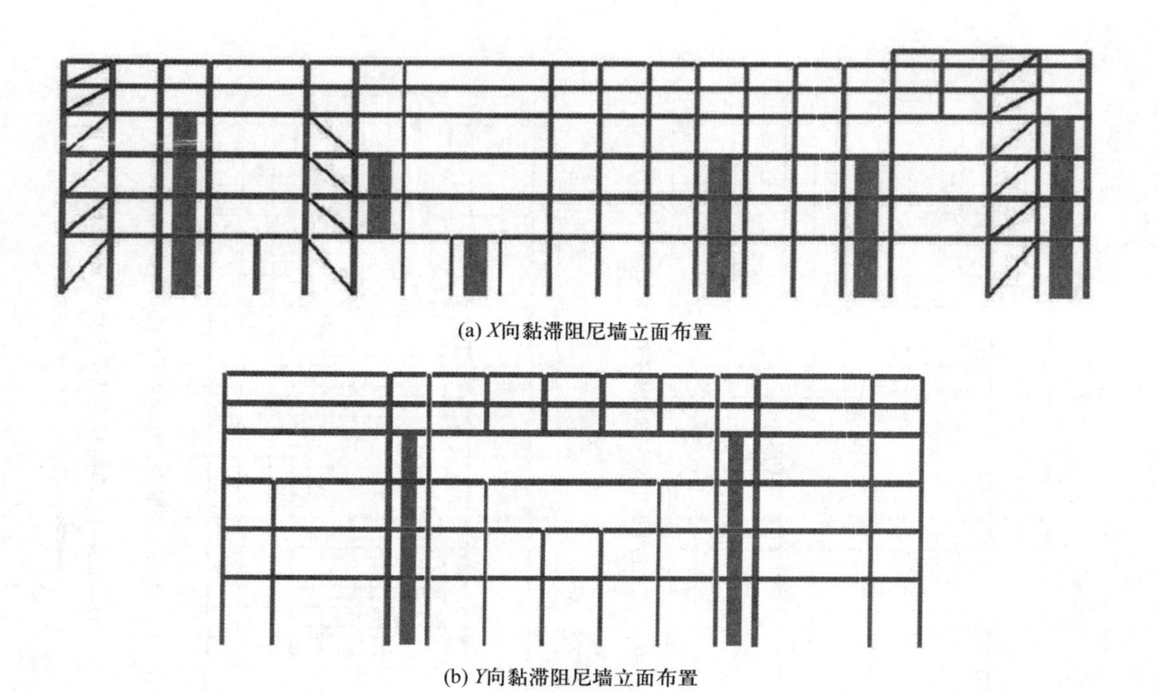

(a) X向黏滞阻尼墙立面布置

(b) Y向黏滞阻尼墙立面布置

图 C.3.4-2 消能减震结构立面布置图

（▬ 黏滞阻尼墙）

7 度多遇地震作用下的时程分析结果对比表明，消能减震方案相比刚性方案有明显的优势，主要表现在：

(1)消能减震方案周期较刚性方案有一定程度的增大，同时多遇地震结构阻尼比由 4% 提高到 6%，可有效地降低地震作用，提高结构的抗震性能。

(2)消能减震方案的层剪力小于刚性方案，基底剪力减幅约为 17%(*X* 向)和 20%(*Y* 向)。

(3)消能减震方案刚度较刚性方案减小，但由于地震作用降低，两个方案的层间位移角基本接近。

C.3.5 超限的判别

本工程高度不超限，在规则性方面具有 5 项一般不规则，超限情况见表 C.3.5-1。此外，采用的黏滞阻尼墙消能减震技术未包括在现行标准中，也属于其他类型的超限高层建筑工程。

表 C.3.5-1 一般不规则性超限检查

序号	不规则类型	判断依据	超限判断
1a	扭转不规则	考虑偶然偏心的扭转位移比大于 1.2	最大扭转位移比为 1.39
3	楼板局部不连续	有效楼板宽度小于该层楼板典型宽度的 50%，或开洞面积大于该层楼面面积的 30%	第 5、6 层楼板的开洞面积大于 30%
4b	尺寸突变	上部楼层整体外挑水平尺寸大于下部楼层水平尺寸的 10%，或上部楼层整体外挑尺寸大于 4 m	上部楼层最大外挑 24 m
5	竖向抗侧力构件不连续	竖向抗侧力构件(墙、柱、支撑)上下不连续贯通	框架柱上下不连续，设有转换桁架
6	楼层承载力突变	抗侧力结构的受剪承载力小于相邻上一层的 80%	第 1、4 层的层间受剪承载力小于上一层的 80%

C.3.6 主要设计参数

(1)结构的设计使用年限在承载力及正常使用情况下为 100 年。

（2）塔楼安全等级为一级，结构重要性系数为1.1。

（3）地基基础设计等级：甲级。

C.3.7 抗震设计参数

本工程地上建筑面积约8.3万m^2，超过5万m^2，属于特大型馆，根据《博物馆建筑设计规范》（JGJ 66—2015）、《建筑工程抗震设防分类标准》（GB 50223—2008），按照重点设防类（乙类）设计。抗震设防烈度为7度，设计基本地震加速度为0.10 g，建筑场地类别为Ⅳ类，设计地震分组为第一组。竖向地震作用效应标准值采用振型分解反应谱法进行计算，竖向地震影响系数最大值按水平地震影响系数最大值的65%采用。本项目采用的不同水准地震作用下的参数取值见表C.3.7–1。

表C.3.7–1 地震作用及结构分析参数（水平地震作用）

地震水准	多遇地震	设防地震	罕遇地震
地震加速度峰值 /Gal	49	100	200
水平地震影响系数最大值	0.112	0.23	0.45
场地特征周期 /s	0.9	0.9	1.1
周期折减系数	0.85	0.95	1.00
阻尼比	0.04	0.04	0.05

注：抗震设计时，由于使用年限为100年，多遇地震地震影响系数最大值取值放大1.4倍。

C.3.8 设计准则

1. 构件抗震等级

各构件的抗震等级要求见表C.3.8–1。

表C.3.8–1 构件抗震等级

构件	部位	抗震等级
框架柱	地上1—6层	一级
框架梁	地上1—6层	二级
钢支撑	地上1—6层	二级

2. 整体侧移控制标准

结构在风和地震作用下的层间位移角限值见表C.3.8–2。本项目结构体系采用钢梁、钢支撑，框架柱采用钢骨混凝土柱，结构体系更偏向于钢结构，故在风荷载和多遇地震作用下的层间位移角限值取混凝土框架（1/550）和钢框架（1/250）的中间值1/344。

表C.3.8–2　层间位移角限值

重现期为50年的风荷载作用下层间位移角限值	1/344
多遇地震作用下层间位移角限值	1/344
罕遇地震作用下层间位移角限值	1/100

3. 风振舒适度控制标准

十年一遇的风荷载标准值作用下，结构顶点的最大加速度计算值不应超过0.25 m/s^2。

4. 构件挠度控制标准

构件的挠度限值见表C.3.8–3、表C.3.8–4。

表C.3.8–3　混凝土构件的挠度控制标准

构件计算跨度 L_0	挠度限值
$L_0<7$ m	$L_0/200$
7 m $\leqslant L_0 \leqslant$ 9 m	$L_0/250$
$L_0>9$ m	$L_0/300$

表C.3.8–4　钢构件的挠度控制标准

构件	永久荷载＋可变荷载	可变荷载
主梁	$L/400$	$L/500$
桁架	$L/500$	$L/600$

注：L为受弯构件跨度，对悬臂梁取悬臂长度的2倍。

5. 楼面竖向振动控制标准

楼盖结构的竖向振动频率不宜小于 3Hz，竖向振动加速度不应超过表 C.3.8-5 的限值。

表 C.3.8-5 楼盖竖向振动加速度限值

<table>
<tr><td rowspan="2">人员活动环境</td><td colspan="2">峰值加速度限值（m/s^2）</td></tr>
<tr><td>竖向自振频率不大于 2Hz</td><td>竖向自振频率不小于 4Hz</td></tr>
<tr><td>住宅，办公</td><td>0.07</td><td>0.05</td></tr>
<tr><td>商场及室内连廊</td><td>0.22</td><td>0.15</td></tr>
</table>

注：楼盖结构竖向自振频率为 2 ~ 4Hz 时，峰值加速度限值可按线性插值选取。

6. 性能化设计目标

综合考虑抗震设防类别、设防烈度、结构特殊性、建造费用以及震后损失程度等各项因素，确定结构的抗震性能目标类别为Ⅳ类，见表 C.3.8-6。

表 C.3.8-6 结构抗震性能目标

<table>
<tr><td colspan="2">地震水准</td><td>多遇地震</td><td>设防烈度地震</td><td>罕遇地震</td></tr>
<tr><td colspan="2">性能水平定性描述</td><td>完全可使用</td><td>修复后使用</td><td>生命安全</td></tr>
<tr><td colspan="2">层间位移角限值</td><td>1/344</td><td>—</td><td>1/100</td></tr>
<tr><td rowspan="4">关键构件性能</td><td>重要框架柱</td><td>弹性</td><td>弹性</td><td>受弯、受剪不屈服</td></tr>
<tr><td>一般框架柱</td><td>弹性</td><td>受弯不屈服、受剪弹性</td><td>允许进入塑性，控制塑性转角在 LS 以内</td></tr>
<tr><td>框架梁</td><td>弹性</td><td>受弯不屈服、受剪弹性</td><td>允许进入塑性，控制塑性转角在 LS 以内</td></tr>
<tr><td>大跨度、大悬挑桁架</td><td>弹性</td><td>弹性</td><td>不屈服</td></tr>
<tr><td rowspan="2">耗能构件性能</td><td>黏滞阻尼墙</td><td>正常工作</td><td>正常工作</td><td>正常工作</td></tr>
<tr><td>防屈曲约束支撑</td><td>弹性</td><td>屈服</td><td>屈服</td></tr>
</table>

7. 结构体系与布置

（1）调整钢支撑结构布置，控制结构扭转。

（2）采用消能减震装置，降低地震作用，提高结构抗震性能。

8. 其他相关措施

（1）严格控制各项指标：在设计过程中严格按现行国家有关标准的要求进行设计，各类指标尽可能地控制在标准范围内，并留有余量。

（2）采用多种计算程序验算，保证计算结果的准确性和完整性。

（3）进行弹性及弹塑性时程分析，了解结构在地震作用下的响应过程，并寻找结构薄弱部位，以便进行有针对性的加强。

C.3.9 场地

1. 地形地貌

拟建场地以停车场及绿化苗圃为主，有两个较大面积水塘分布，场地内除设置有停车场临时岗亭、局部有1层变电站外，无建（构）筑物分布。拟建场地地面较为平坦，根据现有已测得孔位高程资料，拟建场地地面标高一般在4.20 ~ 5.21 m之间，平均标高4.44 m。

2. 土层结构

新区杨高南路、世纪大道附近属滨海平原地貌类型，地貌形态单一。根据本次勘探揭露，拟建场地位于正常地层沉积区，场地内地层分布较稳定，在90.31 m深度范围内的地基土属第四纪全新世（Q4）至上更新世（Q3）滨海 ~ 河口、滨海 ~ 浅海、滨海、沼泽、河口 ~ 湖泽、河口 ~ 滨海相沉积土层，主要由黏性土、粉性土及砂土组成。按其沉积年代、成因类型及其物理力学性质的差异，可划分为8个主要土层；其中①层、⑦层土根据土性及成因不同，可进一步划分多个亚层或次亚层。

C.3.10 设计荷载

1. 楼、屋面、墙面恒荷载

（略）

2. 楼面、屋面活荷载

（略）

3. 风荷载

风荷载相关参数取值见表 C.3.10–1。

表 C3.10–1　风荷载设计参数

设计及验算类型	舒适度验算	刚度设计	强度设计
回归期 / 年	10	50	100
基本风压 /kN · m^{-2}	0.40	0.55	0.60
阻尼比	1.0%	2.0%	2.0%
地面粗糙度	C 类		

4. 雪荷载

五十年一遇基本雪压为 0.2 kN/m^2，屋面均布活荷载不应与雪荷载同时组合。

C.3.11　基础设计概况

本工程地上存在大跨度框架结构，下设两层地下室（局部一层地下室、局部无地下室），部分地下室上方没有上部结构。因上部结构层数及荷载不均匀，荷载差异较大，地基基础设计考虑了桩基承载力、控制差异沉降和地下水浮力等因素。地下室埋深为 12.9 m，采用钻孔灌注桩基础。大跨框架下方柱及柱底反力较大处布置直径为 700 mm 的钻孔灌注桩，设计桩长为 42 m（一层地下室区域）及 38 m（二层地下室区域），桩端持力层为⑦层粉细砂，该部分桩为纯抗压桩，桩端采用后注浆技术，计算单桩抗压承载力特征值为 3900 kN，桩身混凝土强度等级为 C35；对非大跨无地下室区域布置直径 600 mm 的钻孔灌注桩，设计桩长 48 m，单桩抗压承载力特征值为 2400 kN，桩身混凝土强度等级为 C30；其他区域布置直径 600 mm 的钻孔灌注桩 42 m（一层地下室区域）/ 38 m（二层地下室），计算单桩抗压承载力特征值为 2300 kN，单桩抗拔承载力特征值为1350 kN(为节约桩钢筋用量,根据实际承受拔力,实际取用抗拔力700 kN、1350 kN两种类型),桩身混凝土强度等级为C30。

基础采用桩基加筏板的结构形式,根据底板受力以及布桩情况,只有一层地下室区域对应的基础底板板厚为500 mm,局部区域厚600 mm;二层地下室区域对应的基础底板板厚一般为900 mm;此外,桩基承台厚度为800 ~ 3000 mm不等。底板混凝土强度等级为C35。地下室抗浮设计水位按照室外地面以下0.5 m取值。

C.3.12 材料

1. 混凝土

(略)

2. 钢筋、钢材

(略)

3. 钢结构防腐与防火

(略)

C.3.13 软件

整体结构弹性指标计算采用YJK(1.8)和ETABS(V 9.7)进行分析校核。采用PERFORM—3D三维结构非线性分析与性能评估软件对结构进行罕遇地震作用下的动力弹塑性时程分析。

C.3.14 输入总信息

(略)

C.3.15 主要分析结果

1. 周期与振型

结构件第一扭转周期与第一平动周期的比值为0.82,小于规范限值0.85。

2. 竖向荷载(略)

3. 水平荷载

可得到结构在多遇地震及风荷载作用下的楼层剪力、倾覆力矩分布情况图,结构水平荷载由地震作用控制。

4. 层间位移角

结构在多遇地震及风荷载作用下的最大层间位移角见表 C.3.15-1,满足限值 1/344 的要求。

表 C.3.15-1　结构层间位移角

最大层间位移角	YJK		ETABS	
	X 向	*Y* 向	*X* 向	*Y* 向
多遇地震	1/460	1/483	1/447	1/477
风荷载	1/7013	1/5125	1/8271	1/6079

5. 扭转位移比

结构扭转位移比的计算结果,满足限值 1.4 的要求。

6. 剪重比

结构在多遇地震作用下的最小剪重比计算结果见表 C.3.15-2,满足限值 1.6% 的要求。

表 C.3.15-2　最小剪重比

	YJK		ETABS		限值
	X 向	*Y* 向	*X* 向	*Y* 向	
最小剪重比	6.09%	7.08%	6.22%	7.20%	1.6%

7. 稳定性验算

结构整体稳定性的计算结果表明,结构两个主方向的刚重比均大于 1.4,满足整体稳定的要求。

C.3.16　罕遇地震分析

1. 分析方法

本工程采用结构分析软件 PERFORM－3D 对结构进行动

力弹塑性时程分析。钢材采用双线性随动硬化模型,考虑包辛格效应,设定钢材的强屈比为1.2。混凝土本构关系简化为折线型,输入关键点的数据,材料参数参照我国现行混凝土规范取值。建模过程中材料、构件建模条件遵循现行中国规范及美国规范ASCE41、FEMA356。

框架梁、柱分别采用FAMA梁、柱模拟,通过塑性铰发展情况来判断构件破坏情况。梁、柱塑性铰采用纤维单元分析方法计算弯矩-转角曲线。钢桁架构件采用非线性纤维模型模拟,即由多段非线性纤维单元组成。黏滞阻尼墙采用“刚臂 + 阻尼器单元”等效模拟,其中阻尼器单元采用基于Maxwell模型的黏滞阻尼器单元,由两部分组成,一个为刚性二力杆模拟弹簧单元,还有一个为黏壶单元,其中以连续折线代替曲线模拟阻尼器的非线性出力。

2. 地震动参数与地震波信息

采用现行上海市标准《建筑抗震设计规程》(DGJ 08—9)附录A中的三组地震波:SHW9、SHW10和SHW12。各地震波分量沿结构抗侧力体系的水平向(*X*向、*Y*向)分别输入。水平主向和次向的加速度峰值按照1.0∶0.85的比例系数进行调幅。

3. 结构整体分析结果

分别采用PERFORM3D和ETABS计算得到的结构前10阶自振周期对比,两种基本一致,说明了PERFORM3D计算模型的正确性。各地震波作用下各楼层的最大层间位移角见表C.3.16-1,满足限值1/100的要求。

表C.3.16-1　各组地震波作用下的结构最大层间位移角

序号	地震波	主方向	最大层间位移角
1	SHW9	*X*向	1/178
		*Y*向	1/172
2	SHW10	*X*向	1/196
		*Y*向	1/204
3	SHW12	*X*向	1/123
		*Y*向	1/175

结构在地震波作用下两个主轴方向的各部分耗能组成情况见图 C.3.16-1。模态阻尼耗能约占 60%，黏滞阻尼墙耗能约占 18%，BRB 耗能约占 17%，结构塑性耗能仅占 4%。黏滞阻尼墙和 BRB 的组合使用大大降低了大震下主体结构的塑性损伤，实现了结构良好的耗能机制。

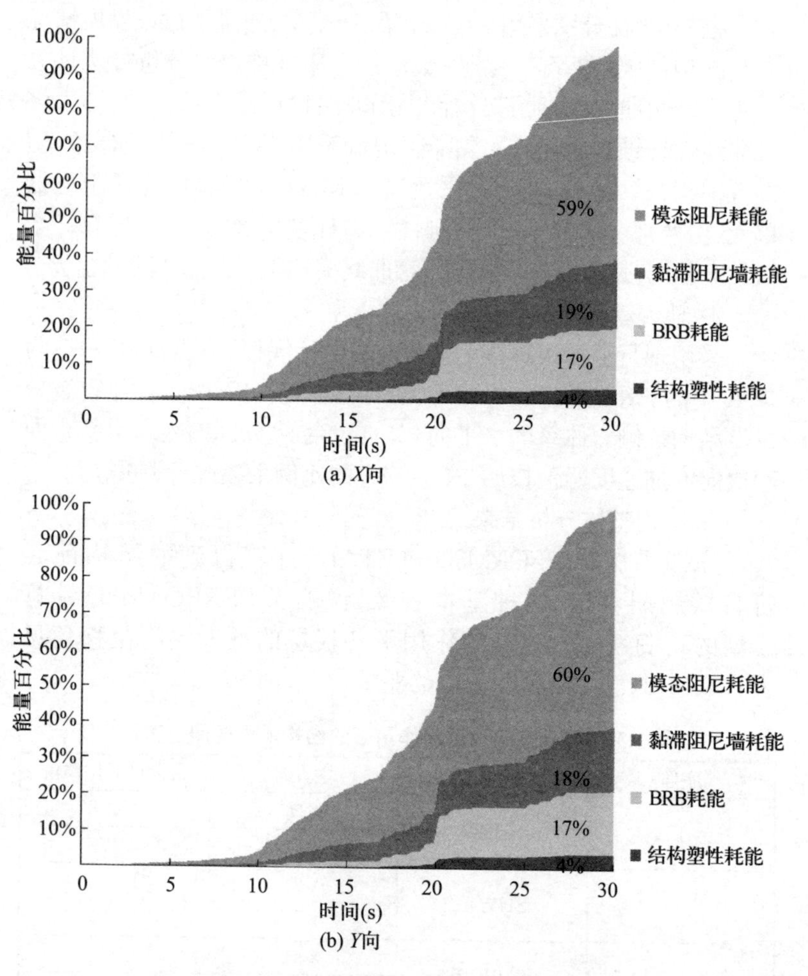

图 C.3.16-1　SHW9 地震波作用下的地震耗能组成

4. 构件抗震性能评价

计算结果表明，部分框架梁进入屈服耗能状态，但未超过 LS 性能状态，符合框架梁性能目标要求；框架柱大部分处于不屈服状态，少部分框架柱超过 IO 性能状态，但均未超过 LS 性能状态；钢桁架构件基本保持不屈服状态，钢材最大应力为 371 MPa，未超过钢材屈服应力；防屈曲约束支撑大部分进入屈服耗能状态，但均未超过极限承载力，满足大震下正常工作目标要求；X 向和 Y 向黏滞阻尼墙最大阻尼力分别为 1150 kN、550 kN，未超过阻尼墙最大承载力；X 向和 Y 向黏滞阻尼墙最大变形分别为 73 mm、46 mm，未超过阻尼墙的极限变形能力。

5. 结论

根据结构在罕遇地震作用下的动力弹塑性分析结果，可以得出如下结论：

(1) 结构的最大层间位移角小于 1/100 的限值要求，满足"大震不倒"的要求。

(2) 框架柱大部分处于不屈服状态，少部分进入屈服耗能状态，但未超过 LS 性能目标，满足性能目标要求。

(3) 部分框架梁进入屈服耗能状态，但未超过 LS 性能目标，满足性能目标要求。

(4) 钢桁架构件保持不屈服状态，满足性能目标要求。

(5) 大部分屈曲约束支撑进入屈服耗能状态，但未超过极限承载力，满足性能目标要求。

(6) 黏滞阻尼墙滞回曲线饱满，耗能良好，未超过阻尼墙的承载力和极限变形能力，在大震下可正常工作。

综上，结构能满足预先确定的抗震性能目标的要求。

本指南用词说明

1　为了便于在执行本《指南》条文时区别对待，对要求严格程度不同的用语说明如下：

（**1**）表示很严格，非这样做不可的：

正面词采用“必须”；反面词采用“严禁”。

（**2**）表示严格，在正常情况下均应这样做的：

正面词采用“应”，反面词采用“不应”或“不得”。

（**3**）表示允许稍有选择，在条件许可时首先这样做的：

正面词采用“宜”；反面词采用“不宜”。

（**4**）表示有选择，在一定条件下可以这样做的，采用“可”。

2　条文中指明应按其他有关标准、规范执行时，写法为：“应符合……的规定”或“应按……执行”。

引用标准名录

1 《建筑抗震设计规范》GB 50011
2 《建筑工程抗震设防分类标准》GB 50223
3 《建筑地基基础设计规范》GB 50007
4 《建筑结构荷载规范》GB 50009
5 《混凝土结构设计规范》GB 50010
6 《钢结构设计标准》GB 50017
7 《橡胶支座　第3部分：建筑隔震橡胶支座》GB 20688.3
8 《橡胶支座　第5部分：建筑隔震弹性滑板支座》GB 20688.5
9 《高层建筑混凝土结构技术规程》JGJ 3
10 《高层民用建筑钢结构技术规程》JGJ 99
11 《建筑消能阻尼器》JG/T 209
12 《建筑消能减震技术规程》JGJ 297
13 《建筑抗震设计标准》DG/TJ 08—9
14 《高层建筑钢结构设计规程》DG/TJ 08—32
15 《地基基础设计标准》DGJ 08—11
16 《超限高层建筑工程抗震设防专项审查技术要点》（建质〔2015〕67号）
17 《上海市超限高层建筑抗震设防管理实施细则》（沪建管〔2014〕954号）

ISBN 978-7-5765-0683-9
9 787576 506839 >
定价：48.00 元